Matemáticas Empresariales I

enfoque teórico-práctico

Matemáticas Empresariales

enfoque teórico-práctico

Vol. 1. Álgebra Lineal I

Susana Blanco García
Pilar García Pineda
Eva del Pozo García

Profesoras del Departamento de Economía Financiera y Actuarial
Facultad de Ciencias Económicas y Empresariales
Universidad Complutense de Madrid

Editorial AC

THOMSON™

Australia • Canadá • México • Singapur • España • Reino Unido • Estados Unidos

THOMSON

Matemáticas empresariales I (enfoque teórico-práctico). Vol. 1. Álgebra lineal

Gerente Editorial Área Universitaria:
Andrés Otero Reguera

Editoras de Producción:
Clara Mª de la Fuente Rojo
Consuelo García Asensio
Olga Mª Vicente Crespo

Diseño de cubierta:
Montytexto

Preimpresión:
Alfa Centauro, S.A.

Impresión:
Gráficas Rogar.
Políg. Ind. Alparrache
Navalcarnero (Madrid)

1ª edición, 2ª reimpresión, 2006

Magallanes, 25; 28015 Madrid
ESPAÑA
Teléfono: 91 4463350
Fax: 91 4456218
clientes@paraninfo.es
www.paraninfo.es

Impreso en España
Printed in Spain

ISBN: 84-9732-171-5
Depósito Legal: M-124-2006

(121/77/97)

Otras delegaciones:

México y Centroamérica
Tel. (525) 281-29-06
Fax (525) 281-26-56
clientes@mail.internet.com.mx
clientes@thomsonlearning.com.mx
México, D.F.

Puerto Rico
Tel. (787) 758-75-80 y 81
Fax (787) 758-75-73
thomson@coqui.net
Hato Rey

Chile
Tel. (562) 531-26-47
Fax (562) 524-46-88
devoregr@netexpress.cl
Santiago

Costa Rica
EDISA
Tel./Fax (506) 235-89-55
edisacr@sol.racsa.co.cr
San José

Colombia
Tel. (571) 340-94-70
Fax (571) 340-94-75
clithomson@andinet.com
Bogotá

Cono Sur
Pasaje Santa Rosa, 5141
C.P. 141 - Ciudad de Buenos Aires
Tel. 4833-3838/3883 - 4831-0764
thomson@thomsonlearning.com.ar
Buenos aires (Argentina)

República Dominicana
Caribbean Marketing Services
Tel. (809) 533-26-27
Fax (809) 533-18-82
cms@codetel.net.do

Bolivia
Librerías Asociadas, S.R.L.
Tel./Fax (591) 2244-53-09
libras@datacom-bo.net
La Paz

Venezuela
Ediciones Ramville
Tel. (582) 793-20-92 y 782-29-21
Fax (582) 793-65-66
tclibros@attglobal.net
Caracas

El Salvador
The Bookshop, S.A. de C.V.
Tel. (503) 243-70-17
Fax (503) 243-12-90
amorales@sal.gbm.net
San Salvador

Guatemala
Textos, S.A.
Tel. (502) 368-01-48
Fax (502) 368-15-70
textos@infovia.com.gt
Guatemala

PRÓLOGO

Hoy día constituye una necesidad insoslayable para el alumno de primer curso de Licenciatura de Administración y Dirección de Empresas que curse la asignatura de Matemáticas Empresariales el disponer de una colección variada y completa de ejercicios resueltos que se presenten detalladamente explicados en materia de Algebra Lineal. Ese es, precisamente, el objetivo que pretendemos alcanzar, abarcando en esta obra todas las lecciones del programa, complementando dichos ejercicios con unas nociones teóricas básicas y suficientes para su resolución, así como con unos ejercicios propuestos al final para que el alumno ponga a prueba los conocimientos adquiridos.

Los problemas se han resuelto mediante una adecuada combinación de rigor matemático y explicación sencilla y aclaratoria, cuya finalidad última es que el alumno sea capaz de resolver cuantas dudas le surjan derivadas de los contenidos teóricos, así como comprender la aplicación práctica de los mismos al enfocarse los problemas, en los casos oportunos, al ámbito de la economía y de la empresa.

Esperamos que este libro sea de utilidad tanto para futuros economistas como para quienes quieran afianzar los conceptos matemáticos que aquí se tratan.

Madrid, Octubre 2002.

LAS AUTORAS

Contenido

CAPÍTULO 1

Matrices, determinantes y sistemas lineales

Nociones teóricas

DEFINICIÓN DE MATRIZ

Es todo conjunto de $m \times n$ elementos agrupados en m filas y n columnas:

$$\mathbf{A}_{m\times n} = \begin{pmatrix} a_{11} & a_{12} & \cdots & a_{1n} \\ a_{21} & a_{22} & \cdots & a_{2n} \\ \vdots & \vdots & \ddots & \vdots \\ a_{m1} & a_{m2} & \cdots & a_{mn} \end{pmatrix}.$$

El símbolo $\mathbf{A}_{m\times n}$, o el símbolo (a_{ij}), designa la **matriz completa**, mientras que a_{ij} representa a un elemento cualquiera genérico situado en la fila i, columna j.

Dos **matrices** son **iguales** cuando tienen la misma dimensión y los elementos que ocupan el mismo lugar son iguales.

Una matriz es **cuadrada** cuando tiene el mismo número de filas que de columnas.

Por ejemplo, $\mathbf{M}_{n\times n}=\begin{pmatrix} a_{11} & a_{12} & \cdots & a_{1n} \\ a_{21} & a_{22} & \cdots & a_{2n} \\ \vdots & \vdots & \ddots & \vdots \\ a_{n1} & a_{n2} & \cdots & a_{nn} \end{pmatrix}$.

En una matriz cuadrada, llamamos **diagonal principal** a los elementos $\{a_{11}, a_{22}, \ldots, a_{nn}\}$. La suma de los elementos de la diagonal principal recibe el nombre de **traza**.

Una matriz cuadrada recibe el nombre de **matriz triangular superior** (**inferior**), si los elementos que están por encima (por debajo) de la diagonal principal son todos nulos.

$$\underbrace{\mathbf{M}_{n\times n}=\begin{pmatrix} a_{11} & 0 & \cdots & 0 \\ a_{21} & a_{22} & \cdots & 0 \\ \vdots & \vdots & \ddots & \vdots \\ a_{n1} & a_{n2} & \cdots & a_{nn} \end{pmatrix}}_{\text{Triangular inferior}} \qquad \underbrace{\mathbf{M}_{n\times n}=\begin{pmatrix} a_{11} & a_{12} & \cdots & a_{1n} \\ 0 & a_{22} & \cdots & a_{2n} \\ \vdots & \vdots & \ddots & \vdots \\ 0 & 0 & \cdots & a_{nn} \end{pmatrix}}_{\text{Triangular superior}}$$

Si en una matriz cuadrada los únicos elementos no nulos son los de la diagonal principal, la matriz recibe el nombre de **matriz diagonal**

$$\mathbf{M}_{n\times n}=\begin{pmatrix} a_{11} & 0 & \cdots & 0 \\ 0 & a_{22} & \cdots & 0 \\ \vdots & \vdots & \ddots & \vdots \\ 0 & 0 & \cdots & a_{nn} \end{pmatrix}$$

Una **matriz** es **rectangular** cuando el número de filas no coincide con el número de columnas.

Por ejemplo, la matriz **N** es una matriz rectangular formada por m filas y n columnas

$$\mathbf{N}_{m\times n}=\begin{pmatrix} a_{11} & a_{12} & a_{13} & \cdots & a_{1n} \\ a_{21} & a_{22} & a_{23} & \cdots & a_{2n} \\ a_{31} & a_{32} & a_{33} & \cdots & a_{3n} \\ a_{41} & a_{42} & a_{43} & \cdots & a_{4n} \\ \vdots & \vdots & \vdots & \ddots & \vdots \\ a_{m1} & a_{m2} & a_{m3} & \cdots & a_{mn} \end{pmatrix}.$$

CLASIFICACIÓN DE LAS MATRICES

Atendiendo a la forma:

- **Matriz fila**, es aquélla que tiene sólo una fila: $\mathbf{A}=\begin{pmatrix}1 & 5 & 2 & -2\end{pmatrix}$.
- **Matriz columna**, es aquélla que sólo tiene una columna: $\mathbf{B}=\begin{pmatrix}1\\-3\\\sqrt{10}\\6\end{pmatrix}$.

OPERACIONES CON MATRICES

Se estudian tres tipos de operaciones con matrices: suma matricial, producto de un número real por una matriz y producto matricial.

Suma matricial

La suma matricial permite sumar dos matrices del mismo orden obteniendo otra matriz del mismo orden.

Sea $\mathbf{A}_{m\times n}$ una matriz formada por m filas y n columnas y $\mathbf{B}_{m\times n}$ otra matriz formada por m filas y n columnas, su suma nos dará una matriz $\mathbf{C}_{m\times n}$ constituida por el mismo número de filas y de columnas que las matrices sumadas, tal que $(c_{ij})=(a_{ij})+(b_{ij})$.

$$\begin{pmatrix}1 & 2 & 3\\4 & 5 & 6\end{pmatrix}+\begin{pmatrix}7 & 8 & 9\\10 & 11 & 12\end{pmatrix}=\begin{pmatrix}8 & 10 & 12\\14 & 16 & 18\end{pmatrix}.$$

Producto de un número real por una matriz

Si multiplicamos una matriz $\mathbf{A}_{m\times n}$ por un número real obtenemos otra matriz $\mathbf{B}_{m\times n}$ que resulta al multiplicar el número real por cada elemento de la matriz primera

$$k\cdot\mathbf{A}_{m\times n}=\mathbf{B}_{m\times n}$$

EJEMPLO

$$3\begin{pmatrix}4 & 2 & -3\\1 & 0 & \sqrt{2}\end{pmatrix}=\begin{pmatrix}12 & 6 & -9\\3 & 0 & 3\sqrt{2}\end{pmatrix}.$$

Producto matricial

Esta operación se realiza entre una matriz $\mathbf{A}_{m \times n}$ con otra matriz $\mathbf{B}_{n \times p}$ obteniendo una matriz $\mathbf{C}_{m \times p}$ cuyo elemento genérico (c_{ij}) se obtiene al sumar los productos de los elementos de la fila i de la matriz **A** con los elementos de la columna j de la matriz **B**.

EJEMPLO

$$\begin{pmatrix} 2 & 1 & 3 \end{pmatrix}_{1\times 3} \begin{pmatrix} 1 & 0 \\ 2 & 1 \\ 0 & 1 \end{pmatrix}_{3\times 2} = \begin{pmatrix} 4 & 4 \end{pmatrix}_{1\times 2}.$$

El producto matricial no cumple la propiedad conmutativa.

MATRIZ TRANSPUESTA

Sea $\mathbf{A}_{m \times n}$ una matriz formada por m filas y n columnas, su matriz transpuesta será una matriz $\mathbf{A}^t_{m \times n}$ cuyas columnas son las filas de la matriz $\mathbf{A}_{m \times n}$.

EJEMPLO

$$\mathbf{A} = \begin{pmatrix} 1 & e \\ 2 & 0 \\ \pi & \sqrt{5} \end{pmatrix}; \quad \mathbf{A}^t = \begin{pmatrix} 1 & 2 & \pi \\ e & 0 & \sqrt{5} \end{pmatrix}.$$

Propiedades de la matriz transpuesta

1. $(\mathbf{A}^t)^t = \mathbf{A}$.
2. $(\mathbf{A} + \mathbf{B})^t = \mathbf{A}^t + \mathbf{B}^t$.
3. $(\mathbf{A} \cdot \mathbf{B})^t = \mathbf{B}^t \cdot \mathbf{A}^t$.
4. Si **A** es una matriz cuadrada que verifica $a_{ij} = a_{ji}$, $\forall i \neq j$, entonces se cumplirá $\mathbf{A}^t = \mathbf{A}$. Las matrices que verifican esta propiedad reciben el nombre de **matrices simétricas**.

EJEMPLO

$$\mathbf{A} = \begin{pmatrix} 1 & -1 & 10 \\ -1 & e & \dfrac{2}{3} \\ 10 & \dfrac{2}{3} & \pi \end{pmatrix}; \quad \mathbf{A}^t = \begin{pmatrix} 1 & -1 & 10 \\ -1 & e & \dfrac{2}{3} \\ 10 & \dfrac{2}{3} & \pi \end{pmatrix}.$$

DETERMINANTE DE UNA MATRIZ CUADRADA

Determinante de una matriz cuadrada, $\det(\mathbf{A})$ o $|\mathbf{A}|$ es el escalar que se obtiene al sumar todos los productos de n elementos de la matriz que cumplan:

1. Que en cada producto entre sólo un elemento de cada fila y de cada columna.
2. Que en cada producto se le anteponga el signo (+) o (–) según sea de igual clase o de distinta clase, las permutaciones que forman los subíndices que indican fila y los que indican columna.

Métodos de cálculo de los determinantes

(a) *Matrices cuadradas de orden dos:*

$$\mathbf{A} = \begin{pmatrix} a_{11} & a_{12} \\ a_{21} & a_{22} \end{pmatrix}; \quad \det(\mathbf{A}) = (a_{11} \cdot a_{22} - a_{12} \cdot a_{21})$$

(b) *Matrices cuadradas de orden tres (Regla de Sarrus):*

$$\det(\mathbf{A}) = \begin{vmatrix} a_{11} & a_{12} & a_{13} \\ a_{21} & a_{22} & a_{23} \\ a_{31} & a_{32} & a_{33} \end{vmatrix} = (a_{11}a_{22}a_{33}) + (a_{12}a_{23}a_{31}) + (a_{13}a_{21}a_{32}) - $$
$$- [(a_{13}a_{22}a_{31}) + (a_{12}a_{21}a_{33}) + (a_{23}a_{32}a_{11})]$$

(c) *Matrices cuadradas de orden superior a tres:*

Existen distintos métodos que permiten calcular el determinante de una matriz de orden superior a tres. A continuación se expone el método de los adjuntos:

La suma de los productos de los elementos de una fila (o una columna) por sus respectivos adjuntos es igual al determinante de la matriz.

$$\det(\mathbf{A}) = \sum_{i=1}^{m} a_{ij} \underbrace{(-1)^{i+j} \det(\mathbf{A}_{ij})}_{\text{Adjunto del elemento } a_{ij}}$$

Propiedades de los determinantes

1. $\det(\mathbf{A}) = \det(\mathbf{A}^t)$.
2. Si una matriz tiene una fila o columna nula, su determinante es cero.
3. Si se intercambian entre sí dos filas (o dos columnas), su determinante cambia de signo.
4. Si una matriz tiene dos filas (o columnas) proporcionales, su determinante es cero.
5. Si a una fila (o columna) de la matriz se le multiplica por un escalar, el determinante queda multiplicado por dicho escalar.
6. Si las filas (o columnas) de una matriz cuadrada se interpretan como vectores de $\mathbb{R}^n$ y el determinante es no nulo, dichos vectores son linealmente independientes.
7. El determinante del producto de dos matrices del mismo orden es igual al producto de los determinantes de cada matriz.

   Si $\mathbf{A}_{n\times n}$ y $\mathbf{B}_{n\times n}$ son dos matrices cuadradas del mismo orden, se cumple:

$$\det(\mathbf{A}\cdot\mathbf{B}) = \det(\mathbf{A})\cdot\det(\mathbf{B}).$$

RANGO DE UNA MATRIZ

Si el determinante es un número real asociado sólo a las matrices cuadradas, el rango es un número natural asociado a cualquier matriz.

Si interpretamos las filas (o las columnas) de una matriz como vectores de $\mathbb{R}^n$ (de $\mathbb{R}^m$), el rango de una matriz nos indica el máximo número de vectores linealmente independientes que tiene dicha matriz. Pero, ¿cómo se calcula el rango de una matriz?

Obtención del rango de una matriz

El rango de una matriz es igual al orden de su mayor menor distinto de cero.

Llamamos menores de orden m a los determinantes de las submatrices cuadrada formadas por los elementos comunes a m filas y m columnas cualesquiera de la matriz.

Una matriz tendrá como rango el número m, si existe algún menor de orden m distinto de 0 y todos los menores de orden mayor son nulos.

MATRICES INVERSAS

Sea $\mathbf{A}$ una matriz cuadrada de orden n, se dice que $\mathbf{A}^{-1}$ es matriz inversa de la matriz $\mathbf{A}$, si el producto de ambas matrices es igual a la matriz unidad.

La matriz $\mathbf{A}$ será invertible si su determinante es distinto de cero. En caso contrario, la matriz $\mathbf{A}$ no será invertible.

¿Cómo se obtiene la matriz inversa?

Obtención de una matriz inversa

Existen distintos métodos de cálculo de la matriz inversa y uno de ellos es el que se expresa a continuación

$$\mathbf{A}^{-1} = \frac{1}{\det(\mathbf{A})} \operatorname{Adj}(\mathbf{A}^t) .$$

Propiedades de la matriz inversa

1. $(\mathbf{A}^{-1})^{-1} = \mathbf{A}$.
2. $(\mathbf{A} \cdot \mathbf{B})^{-1} = \mathbf{B}^{-1} \cdot \mathbf{A}^{-1}$.
3. $(\mathbf{A}^t)^{-1} = (\mathbf{A}^{-1})^t$.
4. $\det(\mathbf{A}^{-1}) = \dfrac{1}{\det(\mathbf{A})}$.

SISTEMAS DE ECUACIONES LINEALES

Un sistema de ecuaciones lineales es el conjunto de m ecuaciones con n incógnitas todas ellas expresadas de forma lineal

$$\begin{aligned} a_{11}x_1 + a_{12}x_2 + a_{13}x_3 + \cdots + a_{1n}x_n &= b_1 \\ a_{21}x_1 + a_{22}x_2 + a_{23}x_3 + \cdots + a_{2n}x_n &= b_2 \\ \cdots\cdots\cdots\cdots\cdots\cdots\cdots\cdots\cdots\cdots \\ a_{m1}x_1 + a_{m2}x_2 + a_{m3}x_3 + \cdots + a_{mn}x_n &= b_m \end{aligned}$$

- La variable $\{a_{ij}\}$ representa los coeficientes del sistema que acompaña a la incógnita (x_j) de la ecuación i.
- La variable $\{x_i\}$ expresa las variables endógenas del sistema, las incógnitas.
- La variable $\{b_j\}$ expresa el término independiente de cada ecuación del sistema.

El sistema lineal anteriormente expuesto se puede expresar también de forma matricial, a través de la siguiente igualdad

$$\begin{pmatrix} a_{11} & a_{12} & \cdots & a_{1n} \\ a_{21} & a_{22} & \cdots & a_{2n} \\ \vdots & \vdots & \ddots & \vdots \\ a_{m1} & a_{m2} & \cdots & a_{mn} \end{pmatrix} \begin{pmatrix} x_1 \\ x_2 \\ \vdots \\ x_n \end{pmatrix} = \begin{pmatrix} b_1 \\ b_2 \\ \vdots \\ b_m \end{pmatrix}$$

o mediante la igualdad: $\mathbf{AX} = \mathbf{B}$.

ANÁLISIS DEL SISTEMA: MÉTODO DE ROUCHÈ-FROEBENIUS

Comprende dos fases:

1. Discusión del sistema.
2. Solución del sistema.

Discusión del sistema

Esta fase consiste en saber si el sistema tienen solución o no, es decir, permite determinar si el sistema es compatible o si es incompatible.

La determinación de la compatibilidad del sistema se realiza a través de los rangos de dos matrices, la matriz **A** y la matriz ampliada (**A**/**B**), es decir

$$\text{Matriz } \mathbf{A} \qquad \mathbf{A} = \begin{pmatrix} a_{11} & a_{12} & \cdots & a_{1n} \\ a_{21} & a_{22} & \cdots & a_{2n} \\ \vdots & \vdots & \ddots & \vdots \\ a_{m1} & a_{m2} & \cdots & a_{mn} \end{pmatrix}$$

$$\text{Matriz ampliada} \qquad (\mathbf{A}/\mathbf{B}) = \begin{pmatrix} a_{11} & a_{12} & \cdots & a_{1n} & b_1 \\ a_{21} & a_{22} & \cdots & a_{2n} & b_2 \\ \vdots & \vdots & \ddots & \vdots & \vdots \\ a_{m1} & a_{m2} & \cdots & a_{mn} & b_m \end{pmatrix}$$

El sistema es compatible si $\text{rg}(\mathbf{A}) = \text{rg}(\mathbf{A}/\mathbf{B})$, puesto que existe solución.

El sistema es incompatible si $\text{rg}(\mathbf{A}) \neq \text{rg}(\mathbf{A}/\mathbf{B})$, puesto que no existe solución, es decir, no podemos encontrar ninguna combinación de las variables $(x_1, x_2, \ldots, x_n)$ que satisfaga la m ecuaciones lineales

$$\begin{array}{l} a_{11}x_1 + a_{12}x_2 + \cdots + a_{1n}x_n = b_1 \\ a_{21}x_1 + a_{22}x_2 + \cdots + a_{2n}x_n = b_2 \\ \cdots\cdots\cdots\cdots\cdots\cdots\cdots\cdots\cdots \\ a_{m1}x_1 + a_{m2}x_2 + \cdots + a_{mn}x_n = b_n \end{array}$$

Solución del sistema

Cuando el sistema es compatible quiere decir que existe solución del mismo.

- El sistema es **compatible determinado**, existe una única solución si el rango de la matriz **A** es igual al rango de la matriz ampliada (**A**/**B**) y coinciden ambos con el número de incógnitas (n) del sistema

$$\text{rg}(\mathbf{A}) = \text{rg}(\mathbf{A}/\mathbf{B}) = r = n .$$

La solución del sistema se obtiene a través de la inversión matricial

$$\begin{pmatrix} x_1 \\ x_2 \\ \vdots \\ x_n \end{pmatrix} = \begin{pmatrix} a_{11} & a_{12} & \cdots & a_{1n} \\ a_{21} & a_{22} & \cdots & a_{2n} \\ \vdots & \vdots & \ddots & \vdots \\ a_{m1} & a_{m2} & \cdots & a_{mn} \end{pmatrix}^{-1} \begin{pmatrix} b_1 \\ b_2 \\ \vdots \\ b_m \end{pmatrix}$$

$$\mathbf{X} = \mathbf{A}^{-1}\mathbf{B}$$

o a través de la regla de Cramer. Si en la igualdad anterior, se despeja el valor de cada incógnita x_i, $(i = 1, 2, \ldots, n)$, se obtiene la regla de Cramer que da al valor de cada incógnita como un cociente de dos determinantes.

$$(x_i) = \frac{\begin{vmatrix} a_{11} & a_{12} & \overset{\text{posicion de la variable } x_i}{b} & a_{1n} \\ a_{21} & a_{22} & b_2 & a_{2n} \\ \vdots & \vdots & \ddots & \vdots \\ a_{n1} & a_{n2} & b_n & a_{nn} \end{vmatrix}}{\begin{vmatrix} a_{11} & a_{12} & \cdots & a_{1n} \\ a_{21} & a_{22} & \cdots & a_{2n} \\ \vdots & \vdots & \ddots & \vdots \\ a_{n1} & a_{n2} & \cdots & a_{nn} \end{vmatrix}}.$$

- El sistema es **compatible determinado**, existe solución única si el rango de la matriz **A** es igual al rango de la matriz ampliada (**A/B**) y coinciden con el número de incógnitas del sistema y es menor que número de ecuaciones

$$\mathrm{rg}(\mathbf{A}) = \mathrm{rg}(\mathbf{A}/\mathbf{B}) = r = n\,.$$

Este caso corresponde a un sistema formado por m ecuaciones de las cuales sólo r son linealmente independientes. Si suprimimos las $(m-r)$ ecuaciones linealmente dependientes obtendremos un sistema equivalente al de origen, el cual genera el mismo conjunto de soluciones y que verifica:

$$\mathrm{rg}(\mathbf{A}) = \mathrm{rg}(\mathbf{A}/\mathbf{B}) = r = \text{n}^{\text{o}} \text{ incógnitas} = \text{n}^{\text{o}} \text{ ecuaciones l.i.}$$

$$\begin{aligned} a_{11}x_1 + a_{12}x_2 + \cdots + a_{1n}x_n &= b_1 \\ a_{21}x_1 + a_{22}x_2 + \cdots + a_{2n}x_n &= b_2 \\ \cdots\cdots\cdots\cdots\cdots\cdots\cdots\cdots\cdots \\ a_{n1}x_1 + a_{n2}x_2 + \cdots + a_{nn}x_n &= b_n \end{aligned}$$

La solución, igual que en el apartado anterior, se puede realizar a través de la inversión matricial o a través de la regla de Cramer.

- El sistema es **compatible indeterminado**, existen múltiples soluciones si el rango de la matriz **A** es igual al rango de la matriz ampliada (**A**/**B**) y menor que el número de incógnitas del sistema

$$\mathrm{rg}(\mathbf{A}) = \mathrm{rg}(\mathbf{A}/\mathbf{B}) = r < n \,.$$

El sistema está formado por n variables de las cuales $(n-r)$ son variables libres, es decir, son aquéllas que pueden tomar valores arbitrarios.

Para hallar la solución al sistema se pasan las variables libres a la columna de los términos independientes y, por tanto, las variables no libres estarán en función de las libres.

Obteniendo así un sistema con m ecuaciones y m incógnitas y estando las variables libres en la columna de los términos independientes.

$$a_{11}x_1 + a_{12}x_2 + \cdots + a_{1r}x_r = b_1 - \left(\sum_{i=r+1}^{n} a_{1i}x_i \right)$$

$$a_{21}x_1 + a_{22}x_2 + \cdots + a_{2r}x_r = b_2 - \left(\sum_{i=r+1}^{n} a_{2i}x_i \right)$$

$$\cdots\cdots\cdots\cdots\cdots\cdots\cdots\cdots\cdots\cdots\cdots\cdots$$

$$a_{m1}x_1 + a_{m2}x_2 + \cdots + a_{mr}x_r = b_r - \left(\sum_{i=r+1}^{n} a_{mi}x_i \right)$$

La solución se puede realizar aplicando la regla de Cramer.

- El sistema es **compatible indeterminado**, existen múltiples soluciones si el rango de la matriz **A** es igual al rango de la matriz ampliada (**A**/**B**) y menor al número de incógnitas del sistema

$$\mathrm{rg}(\mathbf{A}) = \mathrm{rg}(\mathbf{A}/\mathbf{B}) = r\,, \qquad \text{con } r < n$$

Para hallar la solución al sistema, se pasa las variables libres $(n-r)$ a la columna de los términos independientes y se suprimen las ecuaciones linealmente dependientes $(m-r)$. Obteniendo de esta manera un sistema con r ecuaciones y r incógnitas.

$$a_{11}x_1 + a_{12}x_2 + \cdots + a_{1r}x_r = b_1 - \left(\sum_{i=r+1}^{n} a_{1i}x_i \right)$$

$$a_{21}x_1 + a_{22}x_2 + \cdots + a_{2r}x_r = b_2 - \left(\sum_{i=r+1}^{n} a_{2i}x_i \right)$$

$$\cdots\cdots\cdots\cdots\cdots\cdots\cdots\cdots\cdots\cdots\cdots\cdots$$

$$a_{r1}x_1 + a_{r2}x_2 + \cdots + a_{rr}x_r = b_r - \left(\sum_{i=r+1}^{n} a_{mi}x_i \right)$$

La solución se obtiene aplicando la regla de Cramer.

SISTEMAS LINEALES HOMOGÉNEOS

Un sistema lineal homogéneo formado por m ecuaciones y n incógnitas es aquél que tiene nulos todos los términos independientes.

$$\begin{aligned} a_{11}x_1 + a_{12}x_2 + \cdots + a_{1n}x_n &= 0 \\ a_{21}x_1 + a_{22}x_2 + \cdots + a_{2n}x_n &= 0 \\ \cdots\cdots\cdots\cdots\cdots\cdots\cdots\cdots \\ a_{n1}x_1 + a_{n2}x_2 + \cdots + a_{nn}x_n &= 0 \end{aligned}$$

Estos sistemas son siempre compatibles por verificarse siempre que $\text{rg}(\mathbf{A}) = \text{rg}(\mathbf{A}/\mathbf{B})$.

El sistema es compatible determinado cuando el $\text{rg}(\mathbf{A})$ es igual al número de variables del sistema. En este caso, existe solución única denominada solución trivial.

$$\begin{pmatrix} x_1 \\ x_2 \\ \vdots \\ x_n \end{pmatrix} = \begin{pmatrix} a_{11} & a_{12} & \cdots & a_{1n} \\ a_{21} & a_{22} & \cdots & a_{2n} \\ \vdots & \vdots & \ddots & \vdots \\ a_{m1} & a_{m2} & \cdots & a_{mn} \end{pmatrix}^{-1} \begin{pmatrix} 0 \\ 0 \\ \vdots \\ 0 \end{pmatrix} = \begin{pmatrix} 0 \\ 0 \\ \vdots \\ 0 \end{pmatrix}.$$

El sistema es compatible indeterminado cuando el $\text{rg}(\mathbf{A}) = r <$ número de variables del sistema lineal.

$$\begin{aligned} a_{11}x_1 + a_{12}x_2 + \cdots + a_{1r}x_r &= -\left(\sum_{i=r+1}^{n} a_{1i}x_i \right) \\ a_{21}x_1 + a_{22}x_2 + \cdots + a_{2r}x_r &= -\left(\sum_{i=r+1}^{n} a_{2i}x_i \right) \\ \cdots\cdots\cdots\cdots\cdots\cdots\cdots\cdots\cdots\cdots \\ a_{m1}x_1 + a_{m2}x_2 + \cdots + a_{mr}x_r &= -\left(\sum_{i=r+1}^{n} a_{ri}x_i \right) \end{aligned}$$

Ejercicios resueltos

Ejercicio 1.1 **Sean A, B, C tres matrices cuadradas de orden tres, tal que**

$$\mathbf{A}=\begin{pmatrix}1&2&3\\4&5&6\\7&8&9\end{pmatrix};\quad \mathbf{B}=\begin{pmatrix}9&8&7\\6&5&4\\3&2&1\end{pmatrix};\quad \mathbf{C}=\begin{pmatrix}1&3&5\\7&9&0\\-3&-2&-1\end{pmatrix}.$$

Se pide calcular:

(a) $2\mathbf{A}-3\mathbf{B}+\mathbf{C}$.

(b) $2\mathbf{A}^2-3\mathbf{AB}+\mathbf{AC}$.

(c) $2\mathbf{A}^2\mathbf{B}-3\mathbf{AB}^2+\mathbf{ACB}$.

SOLUCIÓN

(a) $2\mathbf{A}-3\mathbf{B}+\mathbf{C}$

$$2\mathbf{A}=\begin{pmatrix}2&4&6\\8&10&12\\14&16&18\end{pmatrix}$$

$$3\mathbf{B}=\begin{pmatrix}27&24&21\\18&15&12\\9&6&3\end{pmatrix}$$

Por tanto $2\mathbf{A}-3\mathbf{B}+\mathbf{C}$ será

$$\begin{pmatrix}2&4&6\\8&10&12\\14&16&18\end{pmatrix}-\begin{pmatrix}27&24&21\\18&15&12\\9&6&3\end{pmatrix}+\begin{pmatrix}1&3&5\\7&9&0\\-3&-2&-1\end{pmatrix}=\begin{pmatrix}-24&-17&-10\\-3&4&0\\2&8&14\end{pmatrix}.$$

(b) $2\mathbf{A}^2-3\mathbf{AB}+\mathbf{AC}$

Sabemos que

$$2\mathbf{A}^2-3\mathbf{AB}+\mathbf{AC}=\mathbf{A}(2\mathbf{A}-3\mathbf{B}+\mathbf{C})=\begin{pmatrix}1&2&3\\4&5&6\\7&8&9\end{pmatrix}\begin{pmatrix}-24&-17&-10\\-3&4&0\\2&8&14\end{pmatrix}=$$

$$=\begin{pmatrix}-24&15&32\\-99&0&44\\-174&-15&56\end{pmatrix}$$

(c) $2\mathbf{A}^2\mathbf{B}-3\mathbf{AB}^2+\mathbf{ACB}$

Podemos sacar factor común a **A** y **B** de la siguiente forma:

$$2\mathbf{A}^2\mathbf{B}-3\mathbf{AB}^2+\mathbf{ACB}=\mathbf{A}(2\mathbf{A}-3\mathbf{B}+\mathbf{C})\mathbf{B}$$

Por tanto nos quedará:

$$\begin{pmatrix} 1 & 2 & 3 \\ 4 & 5 & 6 \\ 7 & 8 & 9 \end{pmatrix}\begin{pmatrix} -24 & -17 & -10 \\ -3 & 4 & 0 \\ 2 & 8 & 14 \end{pmatrix}\begin{pmatrix} 9 & 8 & 7 \\ 6 & 5 & 4 \\ 3 & 2 & 1 \end{pmatrix} =$$

$$= \begin{pmatrix} -24 & 15 & 32 \\ -99 & 0 & 44 \\ -174 & -15 & 56 \end{pmatrix}\begin{pmatrix} 9 & 8 & 7 \\ 6 & 5 & 4 \\ 3 & 2 & 1 \end{pmatrix} = \begin{pmatrix} -30 & -53 & -76 \\ -759 & -704 & -649 \\ -1488 & -1355 & -1222 \end{pmatrix}$$

Ejercicio 1.2 **Demuéstrese la siguiente afirmación:**

Dadas las matrices regulares del mismo orden A, B, C si $(\mathbf{AB} = \mathbf{AC})$ entonces $(\mathbf{B} = \mathbf{C})$.

SOLUCIÓN

$$\mathbf{AB} = \mathbf{AC}$$

$$\mathbf{A}^{-1}\mathbf{AB} = \mathbf{A}^{-1} \cdot \mathbf{AC}$$

$$\mathbf{B} = \mathbf{C}$$

Ejercicio 1.3 **Dadas las matrices cuadradas A, B, C:**

(a) Calcúlese $\left|(\mathbf{AB})^{-1}\,\mathbf{C}^t\right|$ sabiendo que

$$|\mathbf{A}| = a; \quad |\mathbf{B}| = b; \quad |\mathbf{C}| = c; \quad \forall a, b, c \in \mathbb{R} - \{0\}\,.$$

(b) Simplifíquese la expresión $[\mathbf{C}(\mathbf{BA})^{-1}]^{-1}\,[\mathbf{C}(\mathbf{C}^t\mathbf{B}^t)^t\,(\mathbf{BC})^{-1}]$.

SOLUCIÓN

(a) $\left|(\mathbf{AB})^{-1}\mathbf{C}^t\right| = \dfrac{|\mathbf{C}|}{|\mathbf{AB}|} = \dfrac{c}{ab}\cdot$

(b) $$[\mathbf{C}(\mathbf{BA})^{-1}]^{-1}\,[\mathbf{C}(\mathbf{C}^t\mathbf{B}^t)^t\,(\mathbf{BC})^{-1}] = [(\mathbf{BA})\,\mathbf{C}^{-1}]\,[\mathbf{C}(\mathbf{C}^t\mathbf{B}^t)^t\,(\mathbf{BC})^{-1}] =$$

$$= [(\mathbf{BA})\,\mathbf{C}^{-1}]\left[\mathbf{C}\underbrace{(\mathbf{BC})\,(\mathbf{BC})^{-1}}_{I}\right] = [(\mathbf{BA})\,\mathbf{C}^{-1}]\,\mathbf{C} =$$

$$= (\mathbf{BA})\underbrace{\mathbf{C}^{-1}\mathbf{C}}_{I} = \mathbf{BA}.$$

Ejercicio 1.4 **Un jardín tiene 15 bancos, de los cuales x bancos tienen 4 asientos, y bancos tienen 6 asientos y z bancos tienen 10 asientos, cada uno. La capacidad total de los bancos del jardín son 86 asientos. En invierno, los visitantes del jardín sólo utilizan la mitad de los**

bancos x **, un cuarto de los bancos** y **y la tercera parte de los bancos** z **con un total de 6 bancos utilizados. Calcule los valores de las variables** x, y, z.

SOLUCIÓN

El problema se puede plantear a través del siguiente sistema lineal:

$$\begin{aligned} x+y+z&=15\\ 4x+6y+10z&=86\\ \frac{1}{2}x+\frac{1}{4}y+\frac{1}{3}z&=6 \end{aligned}$$

Este sistema se puede expresar matricialmente:

$$\begin{pmatrix} 1 & 1 & 1\\ 4 & 6 & 10\\ 1/2 & 1/4 & 1/3 \end{pmatrix}\begin{pmatrix} x\\ y\\ z \end{pmatrix}=\begin{pmatrix} 15\\ 86\\ 6 \end{pmatrix}$$

Como la matriz de orden tres es una matriz regular, ya que su determinante es distinto de cero,

$$\begin{vmatrix} 1 & 1 & 1\\ 4 & 6 & 10\\ 1/2 & 1/4 & 1/3 \end{vmatrix}=\frac{7}{6}$$

resulta que

$$\begin{pmatrix} x\\ y\\ z \end{pmatrix}=\begin{pmatrix} 1 & 1 & 1\\ 4 & 6 & 10\\ 1/2 & 1/4 & 1/3 \end{pmatrix}^{-1}\begin{pmatrix} 15\\ 86\\ 6 \end{pmatrix}=\begin{pmatrix} -3/7 & -1/14 & 24/7\\ 22/7 & -1/7 & -36/7\\ -12/7 & 3/14 & 12/7 \end{pmatrix}\begin{pmatrix} 15\\ 86\\ 6 \end{pmatrix}=\begin{pmatrix} 8\\ 4\\ 3 \end{pmatrix}$$

Ejercicio 1.5 **Discuta y resuelva el siguiente sistema lineal**

$$\begin{aligned} mx+y+z&=1\\ x+my+z&=1\\ x+y+mz&=1 \end{aligned}$$

En caso de solución única obténgase a través del método de Cramer y el método de la matriz inversa.

SOLUCIÓN

A continuación, se expresa de forma matricial el problema planteado

$$\begin{pmatrix} m & 1 & 1\\ 1 & m & 1\\ 1 & 1 & m \end{pmatrix}\begin{pmatrix} x\\ y\\ z \end{pmatrix}=\begin{pmatrix} 1\\ 1\\ 1 \end{pmatrix}.$$

Y se estudia la compatibilidad del sistema a través de los rangos de la matriz **A** y de la matriz ampliada (**A**/**B**).

$$\mathbf{A}=\begin{pmatrix} m & 1 & 1\\ 1 & m & 1\\ 1 & 1 & m\end{pmatrix};\quad (\mathbf{A}/\mathbf{B})=\begin{pmatrix} m & 1 & 1 & 1\\ 1 & m & 1 & 1\\ 1 & 1 & m & 1\end{pmatrix}$$

Calculando el determinante de la matriz **A**

$$\det(\mathbf{A})=|\mathbf{A}|=(m-1)^2(m+2)$$

- Si) $m=1$:

$$\text{rg}(\mathbf{A})=\text{rg}(\mathbf{A}/\mathbf{B})=1\ .$$

El sistema es compatible, existe coincidencia de los rangos, pero indeterminado. Hay infinitas soluciones.

$$x+y+z=1$$
$$x=1-(y+z)$$

$$\text{Conjunto solución }=\{x,y,z/\ x=1-(y+z),\ y=\alpha,\ z=\beta;\ \ \forall\alpha,\beta\in\mathbb{R}\}$$

- Si) $m=-2$:

$$\text{rg}(\mathbf{A})=2,\quad \text{rg}(\mathbf{A}/\mathbf{B})=3$$

El sistema es incompatible, no existe solución.

- Si) $m\neq -2$ y $m\neq 1$:

$$\text{rg}(\mathbf{A})=\text{rg}(\mathbf{A}/\mathbf{B})=3=m=n$$

El sistema es compatible determinado, existe solución única.

Resolviendo por la inversa matricial:

$$\mathbf{AX}=\mathbf{B}$$
$$\mathbf{X}=\mathbf{A}^{-1}\mathbf{B}$$

$$\begin{pmatrix} x\\ y\\ z\end{pmatrix}=\begin{pmatrix} m & 1 & 1\\ 1 & m & 1\\ 1 & 1 & m\end{pmatrix}^{-1}\begin{pmatrix} 1\\ 1\\ 1\end{pmatrix}$$

$$\begin{pmatrix} x\\ y\\ z\end{pmatrix}=\left[\frac{1}{(m-1)^2(m+2)}\begin{pmatrix} m^2-1 & 1-m & 1-m\\ 1-m & m^2-1 & 1-m\\ 1-m & 1-m & m^2-1\end{pmatrix}\right]\begin{pmatrix} 1\\ 1\\ 1\end{pmatrix}=\begin{pmatrix} 1/(m+2)\\ 1/(m+2)\\ 1/(m+2)\end{pmatrix}$$

Resolviendo por Cramer

$$x = \frac{\begin{vmatrix} 1 & 1 & 1 \\ 1 & m & 1 \\ 1 & 1 & m \end{vmatrix}}{|\mathbf{A}|} = \frac{(m-1)^2}{(m-1)^2(m+2)} = \frac{1}{m+2}$$

$$y = \frac{\begin{vmatrix} m & 1 & 1 \\ 1 & 1 & 1 \\ 1 & 1 & m \end{vmatrix}}{|\mathbf{A}|} = \frac{(m-1)^2}{(m-1)^2(m+2)} = \frac{1}{m+2}$$

$$z = \frac{\begin{vmatrix} m & 1 & 1 \\ 1 & m & 1 \\ 1 & 1 & 1 \end{vmatrix}}{|\mathbf{A}|} = \frac{(m-1)^2}{(m-1)^2(m+2)} = \frac{1}{m+2}$$

Ejercicio 1.6 **¿Se puede expresar el vector** (2, 1, 5) **en función de los vectores** {(1, 2, 3); (3, 2, 1); (0, 2, 1)}? **En caso afirmativo, ¿cuáles serán sus componentes?**

SOLUCIÓN

Si el determinante formado por los vectores {(1, 2, 3); (3, 2, 1); (0, 2, 1)} es distinto de cero, los tres vectores son linealmente independientes, forman una base y, por tanto, cualquier vector de $\mathbb{R}^3$ se puede expresar como combinación lineal de ellos

$$\begin{vmatrix} 1 & 3 & 0 \\ 2 & 2 & 2 \\ 3 & 1 & 1 \end{vmatrix} = 2 + 18 + 0 - 6 - 2 = 12 \neq 0 .$$

Por tanto, si expresamos al vector (2, 1, 5) como combinación lineal de los tres vectores a través de la siguientes expresión matricial:

$$\begin{pmatrix} 1 & 3 & 0 \\ 2 & 2 & 2 \\ 3 & 1 & 1 \end{pmatrix} \begin{pmatrix} \alpha \\ \beta \\ \chi \end{pmatrix} = \begin{pmatrix} 2 \\ 1 \\ 5 \end{pmatrix},$$

las componentes del vector se obtienen:

$$\begin{pmatrix} \alpha \\ \beta \\ \chi \end{pmatrix} = \begin{pmatrix} 1 & 3 & 0 \\ 2 & 2 & 2 \\ 3 & 1 & 1 \end{pmatrix}^{-1} \begin{pmatrix} 2 \\ 1 \\ 5 \end{pmatrix}$$

$$\begin{pmatrix} \alpha \\ \beta \\ \chi \end{pmatrix} = \begin{pmatrix} 0 & -\frac{1}{4} & \frac{1}{2} \\ \frac{1}{3} & \frac{1}{12} & \frac{-1}{6} \\ \frac{-1}{3} & \frac{2}{3} & \frac{-1}{3} \end{pmatrix} \begin{pmatrix} 2 \\ 1 \\ 5 \end{pmatrix} = \begin{pmatrix} 9/4 \\ -1/12 \\ -5/3 \end{pmatrix}$$

Ejercicio 1.7 **Calcule** $\det(\mathbf{A\,B})$, $\det(\mathbf{B\,A})^t$, $\det(2\mathbf{A}\cdot 3\mathbf{B})$, $\det(\mathbf{A\,B\,A}^{-1}\mathbf{B})$ **y** $\det(\mathbf{B\,B}^{-1})$, **siendo**

$$\mathbf{A}=\begin{pmatrix}1&2&0&0\\0&2&0&0\\0&2&1&0\\0&2&0&1\end{pmatrix};\quad \mathbf{B}=\begin{pmatrix}1&0&0&3\\0&4&0&4\\0&0&0&-1\\1&1&2&8\end{pmatrix}.$$

SOLUCIÓN

En primer lugar se calculan los determinantes de ambas matrices:

$$\det(\mathbf{A})=1(-1)^{1+1}\begin{vmatrix}2&0&0\\2&1&0\\2&0&1\end{vmatrix}=2$$

$$\det(\mathbf{B})=-1(-1)^{3+4}\begin{vmatrix}1&0&0\\0&4&0\\1&1&2\end{vmatrix}=8$$

$$\det(\mathbf{A\,B})=2\cdot 8=16$$
$$\det(\mathbf{B\,A})^t=2\cdot 8=16$$
$$\det(2\mathbf{A}\cdot 3\mathbf{B})=2^4\det(\mathbf{A})\cdot 3^4\det(\mathbf{B})=16\cdot 2\cdot 81\cdot 8=20.736$$
$$\det(\mathbf{A\,B\,A}^{-1}\mathbf{B})=2\cdot 8\cdot(1/2)\cdot 8=64$$
$$\det(\mathbf{B\,B}^{-1})=1$$

Ejercicio 1.8 **Supongamos tres países (*A*, *B*, *C*). Los saldos de sus balanzas de pagos respectivas** (S_A, S_B, S_C)**, tal que:**

$$S_A=-3{,}5R_A+2{,}0R_B+2{,}5R_C$$
$$S_B=2{,}5R_A-3R_B+1{,}5R_C$$
$$S_C=1{,}0R_A+1{,}0R_B-4{,}0R_C$$

Se pide:

(a) Dar los valores de las rentas que sitúan las balanzas de pagos de los tres países en equilibrio.

(b) Calcular los valores de las rentas que generan un superávit igual a 50 y a 100 para los países *A* y *B* respectivamente, y un déficit igual a 150 para el país *C*.

(c) Realizar el mismo cálculo que el apartado anterior pero para los valores 25, 50, –50.

SOLUCIÓN

(a) Se plantea el problema de forma matricial, teniendo en cuenta que si las balanzas de pagos están en equilibrio su saldo será cero, es decir,

$$\begin{pmatrix} -3,5 & 2 & 2,5 \\ 2,5 & -3 & 1,5 \\ 1 & 1 & -4 \end{pmatrix} \begin{pmatrix} R_A \\ R_B \\ R_C \end{pmatrix} = \begin{pmatrix} 0 \\ 0 \\ 0 \end{pmatrix}$$

Por el sistema lineal homogéneo sabemos que es compatible. A continuación establecemos si es compatible determinado o indeterminado según el rango de la matriz **A**. Si el rango de **A** es igual a tres, el sistema tendrá una única solución y si es menor que tres tendrá infinitas. Dada la matriz

$$\mathbf{A} = \begin{pmatrix} -3,5 & 2 & 2,5 \\ 2,5 & -3 & 1,5 \\ 1 & 1 & -4 \end{pmatrix},$$

como existe un menor de orden dos distinto de cero, esto es, $\begin{vmatrix} -3,5 & 2 \\ 2,5 & -3 \end{vmatrix} = 10,5 - 5 = 5,5 \neq 0$ y el

$\det(\mathbf{A}) = \begin{vmatrix} -3,5 & 2 & 2,5 \\ 2,5 & -3 & 1,5 \\ 1 & 1 & -4 \end{vmatrix} = 0$, el rango de **A** es igual a dos, es decir $\text{rg}(\mathbf{A}) = 2 < 3$. Por tanto, el sistema es compatible indeterminado.

A continuación establecemos un sistema equivalente al dado con dos ecuaciones y tres variables:

$$\begin{aligned} -3,5R_A + 2,0R_B + 2,5R_C &= 0 \\ 2,5R_A - 3R_B + 1,5R_C &= 0 \end{aligned}$$

donde

$$\begin{aligned} -3,5R_A + 2,0R_B &= -2,5R_C \\ 2,5R_A - 3R_B &= -1,5R_C \end{aligned}$$

Aplicando Cramer

$$R_A = \frac{\begin{vmatrix} -2,5R_C & 2 \\ -1,5R_C & -3 \end{vmatrix}}{5,5} = \frac{10,5}{5,5} R_C$$

$$R_B = \frac{\begin{vmatrix} -3,5 & -2,5R_C \\ 2,5 & -1,5R_C \end{vmatrix}}{5,5} = \frac{11,5}{5,5} R_C$$

$$R_C = \alpha$$

Conjunto solución $\left\{ R_A = \frac{10,5}{5,5}\alpha,\ R_B = \frac{11,5}{5,5}\alpha,\ R_C = \alpha;\ \forall\alpha \in \mathbb{R} \right\}$

(b) El apartado segundo establece unos valores de 50, 100 y –150 para los respectivos saldos de las balanzas de pagos, de forma que la expresión matricial del sistema sería la siguiente

$$\begin{pmatrix} -3,5 & 2 & 2,5 \\ 2,5 & -3 & 1,5 \\ 1 & 1 & -4 \end{pmatrix}\begin{pmatrix} R_A \\ R_B \\ R_C \end{pmatrix}=\begin{pmatrix} 50 \\ 100 \\ -150 \end{pmatrix}$$

Para determinar si el sistema tiene solución, se comparan los rangos de las matrices **A** y de la ampliada (**A**/**B**).

Se determinó anteriormente el rango de la matriz **A**, $\text{rg}(\mathbf{A})=2$, siendo el rango de la matriz ampliada

$$(\mathbf{A}/\mathbf{B})=\begin{pmatrix} -3,5 & 2 & 2,5 & 50 \\ 2,5 & -3 & 1,5 & 100 \\ 1 & 1 & -4 & -150 \end{pmatrix}$$

igual a 2 $\text{rg}(\mathbf{A}/\mathbf{B})=2$, ya que no podemos encontrar un menor de orden tres distinto de cero.

$$\begin{vmatrix} -3,5 & 2 & 50 \\ 2,5 & -3 & 100 \\ 1 & 1 & -150 \end{vmatrix}=0 .$$

Por tanto, el sistema es compatible indeterminado. Como

$$\begin{aligned} -3,5R_A+2,0R_B+2,5R_C &= 50 \\ 2,5R_A-3R_B+1,5R_C &= 100 \end{aligned}$$

$$\begin{aligned} -3,5R_A+2,0R_B &= 50-2,5R_C \\ 2,5R_A-3R_B &= 100-1,5R_C \end{aligned}$$

Resolviendo a través de la inversión matricial (igualmente se podía aplicar Cramer):

$$\begin{pmatrix} R_A \\ R_B \end{pmatrix}=\begin{pmatrix} -3,5 & 2 \\ 2,5 & -3 \end{pmatrix}^{-1}\begin{pmatrix} 50-2,5R_C \\ 100-1,5R_C \end{pmatrix}=\begin{pmatrix} -\dfrac{700}{11}+\dfrac{21}{11}R_C \\ \dfrac{-950}{11}+\dfrac{23}{11}R_C \end{pmatrix}$$

$$\text{Conjunto solución }=\left(R_A=-\frac{700}{11}+\frac{21}{11}R_C;\ R_B=\frac{-950}{11}+\frac{23}{11}R_C;\ R_C=\alpha;\ \forall\alpha\in\mathbb{R}\right)$$

(c) El tercer apartado nos pide que estudiemos si el sistema lineal planteado tiene solución cuando el saldo de las balanzas de pagos *A*, *B* y *C* tomen los valores 25, 50, –50 respectivamente. Sea

$$\begin{pmatrix} -3,5 & 2 & 2,5 \\ 2,5 & -3 & 1,5 \\ 1 & 1 & -4 \end{pmatrix}\begin{pmatrix} R_A \\ R_B \\ R_C \end{pmatrix}=\begin{pmatrix} 25 \\ 50 \\ -50 \end{pmatrix}$$

Estudiamos la compatibilidad del sistema a través de los rangos de las matrices **A** y ampliada (**A**/**B**). La matriz **A** sabemos que tiene rango igual a dos, mientras que la matriz ampliada del nuevo sistema

$$(\mathbf{A}/\mathbf{B}) = \begin{pmatrix} -3,5 & 2 & 2,5 & 25 \\ 2,5 & -3 & 1,5 & 50 \\ 1 & 1 & -4 & -50 \end{pmatrix}$$

tiene rango igual a tres, $[\mathrm{rg}(\mathbf{A}/\mathbf{B}) = 3]$, ya que podemos encontrar un menor de orden tres distinto de cero, esto es,

$$\begin{vmatrix} -3,5 & 2 & 25 \\ 2,5 & -3 & 50 \\ 1 & 1 & -50 \end{vmatrix} \neq 0 .$$

Al ser el $\mathrm{rg}(\mathbf{A})$ distinto al $\mathrm{rg}(\mathbf{A}/\mathbf{B})$, el sistema es incompatible, por tanto no existe solución.

Ejercicio 1.9 **Discuta y resuelva el siguiente sistema lineal**

$$\begin{aligned} 3x + 2z &= 0 \\ x + y + z &= 0 \\ y + z &= 0 \end{aligned}$$

SOLUCIÓN

Este sistema es lineal y homogéneo, ya que el vector de los términos independientes es el nulo.

A través de los rangos veremos si el sistema, que siempre es compatible, tiene solución única, solución trivial, (si $\mathrm{rg}(\mathbf{A}) = n = m$) o si tiene infinitas soluciones (si $\mathrm{rg}(\mathbf{A}) < n$).

Expresando el sistema de forma matricial:

$$\begin{pmatrix} 3 & 0 & 2 \\ 1 & 1 & 1 \\ 0 & 1 & 1 \end{pmatrix} \begin{pmatrix} x \\ y \\ z \end{pmatrix} = \begin{pmatrix} 0 \\ 0 \\ 0 \end{pmatrix}$$

resulta que $\mathrm{rg}(\mathbf{A}) = 3$, ya que $\det(\mathbf{A}) \neq 0$. Por tanto,

$$\begin{pmatrix} x \\ y \\ z \end{pmatrix} = \begin{pmatrix} 3 & 0 & 2 \\ 1 & 1 & 1 \\ 0 & 1 & 1 \end{pmatrix}^{-1} \begin{pmatrix} 0 \\ 0 \\ 0 \end{pmatrix} = \begin{pmatrix} 0 \\ 0 \\ 0 \end{pmatrix}.$$

Ejercicio 1.10 **Discuta y resuélvase el siguiente sistema lineal:**

$$\begin{aligned} 2x + y - 2z + t &= 0 \\ -x + 3y - z + 4t &= 0 \end{aligned}$$

SOLUCIÓN

Se trata de un sistema lineal homogéneo, por tanto, existe solución, donde el número de variables es mayor al número de ecuaciones. El sistema será, por tanto, compatible indeterminado.

Expresando de forma matricial el sistema lineal

$$\begin{pmatrix} 2 & 1 & -2 & 1 \\ -1 & 3 & -1 & 4 \end{pmatrix}\begin{pmatrix} x \\ y \\ z \\ t \end{pmatrix}=\begin{pmatrix} 0 \\ 0 \end{pmatrix}$$

resulta que el rango de la matriz **A** es dos, ya que podemos encontrar, al menos, un menor de orden dos distinto de cero,

$$\begin{vmatrix} 2 & 1 \\ -1 & 3 \end{vmatrix} = 6+1 = 7 \neq 0 ,$$

por tanto, dos de las cuatro variables son libres, pasan a la columna de los términos independientes y pueden tomar cualquier valor

$$\begin{aligned} 2x + y &= 2z - t \\ -x + 3y &= z - 4t \end{aligned}$$

Aplicando Cramer tenemos que

$$\left.\begin{aligned} x &= \frac{\begin{vmatrix} 2z-t & 1 \\ z-4t & 3 \end{vmatrix}}{\begin{vmatrix} 2 & 1 \\ -1 & 3 \end{vmatrix}} = \frac{3(2z-t)-(z-4t)}{7} = \frac{5z+t}{7} \\ y &= \frac{\begin{vmatrix} 2 & 2z-t \\ -1 & z-4t \end{vmatrix}}{\begin{vmatrix} 2 & 1 \\ -1 & 3 \end{vmatrix}} = \frac{2(z-4t)+(2z-t)}{7} = \frac{4z-9t}{7} \\ z &= \alpha \\ t &= \beta \end{aligned}\right\} \quad \forall\ (\alpha \text{ y } \beta) \in \mathbb{R} .$$

Ejercicio 1.11 **Hállese la familia de matrices de conmutan con A, tal que AB = BA , siendo** $\mathbf{A} = \begin{pmatrix} -1 & -2 \\ -3 & 4 \end{pmatrix}$.

SOLUCIÓN

Para que **AB** = **BA** debe de existir una relación entre los elementos de la matriz **B** que debe evidenciarse. Sea **B** una matriz de orden cuadrada de orden dos, tal que

$$\mathbf{B} = \begin{pmatrix} a & b \\ c & d \end{pmatrix}.$$

Entonces

$$\mathbf{AB} = \begin{pmatrix} -1 & -2 \\ -3 & 4 \end{pmatrix}\begin{pmatrix} a & b \\ c & d \end{pmatrix} = \begin{pmatrix} -a-2c & -b-2d \\ -3a+4c & -3b+4d \end{pmatrix}$$

y, por otro lado,

$$\mathbf{BA} = \begin{pmatrix} a & b \\ c & d \end{pmatrix}\begin{pmatrix} -1 & -2 \\ -3 & 4 \end{pmatrix} = \begin{pmatrix} -a-3b & -2a+4b \\ -c-3d & -2c+4d \end{pmatrix}$$

A continuación igualamos ambas expresiones

$$\begin{pmatrix} -a-2c & -b-2d \\ -3a+4c & -3b+4d \end{pmatrix} = \begin{pmatrix} -a-3b & -2a+4b \\ -c-3d & -2c+4d \end{pmatrix}$$

de donde

$$\begin{aligned} -a-2c &= -a-3b \\ -b-2d &= -2a+4b \\ -3a+4c &= -c-3d \\ -3b+4d &= -2c+4d \end{aligned}$$

Entonces

$$\left.\begin{aligned} -a-2c-(-a-3b) &= 0 \\ -b-2d-(-2a+4b) &= 0 \\ -3a+4c-(-c-3d) &= 0 \\ -3b+4d-(-2c+4d) &= 0 \end{aligned}\right\} \; c = \frac{3}{2}b; \quad a = \frac{5}{2}b + d$$

Por tanto,

$$\mathbf{B} = \begin{pmatrix} \frac{5}{2}b + d & b \\ \frac{3}{2}b & d \end{pmatrix}, \qquad \forall b, d\ .$$

Ejercicio 1.12 **Discuta y resuelva el siguiente sistema lineal según los valores del parámetro** a

$$\begin{aligned} (1-a)x + y + z &= 1 \\ x + (1+a)y + z &= a \\ x + y + (1-a)z &= a^2 \end{aligned}$$

SOLUCIÓN

Expresando el sistema de forma matricial

$$\begin{pmatrix} 1+a & 1 & 1 \\ 1 & 1+a & 1 \\ 1 & 1 & 1+a \end{pmatrix}\begin{pmatrix} x \\ y \\ z \end{pmatrix} = \begin{pmatrix} 1 \\ a \\ a^2 \end{pmatrix}$$

siendo

$$\mathbf{A} = \begin{pmatrix} 1+a & 1 & 1 \\ 1 & 1+a & 1 \\ 1 & 1 & 1+a \end{pmatrix}$$

$$\mathbf{A/B} = \begin{pmatrix} 1+a & 1 & 1 & 1 \\ 1 & 1+a & 1 & a \\ 1 & 1 & 1+a & a^2 \end{pmatrix}$$

Establecemos la discusión del sistema a través de los valores que pueden tomar tanto la matriz **A** como la matriz ampliada (**A**/**B**) según los distintos valores del parámetro a

$$\det(\mathbf{A}) = a^2(a+3)\text{, si } \det(\mathbf{A}) = 0 \text{ ; } a = 0 \text{ o } a = -3$$

Por tanto:

- Si $a = 0$; $\text{rg}(\mathbf{A}) = 1$ y $\text{rg}(\mathbf{A/B}) = 2$ El sistema sera incompatible. No existe solución.
- Si $a = -3$; $\text{rg}(\mathbf{A}) = 2$ y $\text{rg}(\mathbf{A/B}) = 3$ El sistema será incompatible. No existe solución.
- Si $a \neq -3$ y $a \neq 0$; $\text{rg}(\mathbf{A}) = \text{rg}(\mathbf{A/B}) = 3$ El sistema será compatible determinado. Existe solución y es única.

$$\begin{pmatrix} x \\ y \\ z \end{pmatrix} = \begin{pmatrix} 1+a & 1 & 1 \\ 1 & 1+a & 1 \\ 1 & 1 & 1+a \end{pmatrix}^{-1} \begin{pmatrix} 1 \\ a \\ a^2 \end{pmatrix}$$

$$\begin{pmatrix} x \\ y \\ z \end{pmatrix} = \frac{1}{a^2(a+3)} \begin{pmatrix} a^2+2a & -a & a \\ -a & a^2+2a & -a \\ a & -a & a^2+2a \end{pmatrix} \begin{pmatrix} 1 \\ a \\ a^2 \end{pmatrix} =$$

$$= \frac{1}{a^2(a+3)} \begin{pmatrix} a^3+2a \\ 2a^2-a \\ a^4+2a^3+a^2-a \end{pmatrix}.$$

Ejercicio 1.13 **Se combinan tres factores productivos obteniendo en cada uno un producto diferente. La información tecnológica necesaria para obtener una unidad de producto en el proceso *j* se expresa en la tabla:**

	PROCESO 1	PROCESO 2	PROCESO 3
FACTOR 1	2	2	2
FACTOR 2	1	2	0
FACTOR 3	2	1	3

Las disponibilidades de los factores son 12,5 y 13 u.m., respectivamente.

(a) Hállese los planes de producción (x, y, z) que agotan las disponibilidades de los tres factores.

(b) Determínese cuáles de los anteriores planes de producción da mayor ingreso, siendo los precios de venta de los productos: 15, 10 y 9 u.m., respectivamente.

SOLUCIÓN

(a) Planteando el problema a través del siguiente sistema lineal:

$$\begin{aligned} 2x + 2y + 2z &= 12 \\ x + 2y + 0z &= 5 \\ 2x + y + 3z &= 13 \end{aligned}$$

que se expresa de forma matricial:

$$\begin{pmatrix} 2 & 2 & 2 \\ 1 & 2 & 0 \\ 2 & 1 & 3 \end{pmatrix} \begin{pmatrix} x \\ y \\ z \end{pmatrix} = \begin{pmatrix} 12 \\ 5 \\ 13 \end{pmatrix}$$

se puede discutir la solución del mismo a través de los rangos de las matrices

$$(\mathbf{A}) = \begin{pmatrix} 2 & 2 & 2 \\ 1 & 2 & 0 \\ 2 & 1 & 3 \end{pmatrix} \quad \text{y} \quad (\mathbf{A/B}) = \begin{pmatrix} 2 & 2 & 2 & 12 \\ 1 & 2 & 0 & 5 \\ 2 & 1 & 3 & 13 \end{pmatrix}.$$

El $\mathrm{rg}(\mathbf{A}) = 2 = \mathrm{rg}(\mathbf{A/B})$, ya que, en ambos casos, el mayor menor distinto de cero es de orden dos. El sistema, por tanto, es compatible indeterminado de forma que existe solución pero ésta no es única.

Si el rango de **A** es dos quiere decirse que de las tres ecuaciones sólo dos son linealmente independientes y que hay una tercera que se expresa como combinación lineal de las dos anteriores.

Respecto de las variables sabemos que una de ellas tomará valores arbitrarios, por tanto podemos establecer un sistema lineal equivalente al anterior de la forma:

$$\begin{aligned} 2x + 2y &= 12 - 2z \\ x + 2y &= 5 \end{aligned}$$

Para resolver se aplica la regla de Cramer de forma que

$$x = \frac{\begin{vmatrix} 12-2z & 2 \\ 5 & 2 \end{vmatrix}}{\begin{vmatrix} 2 & 2 \\ 1 & 2 \end{vmatrix}} = \frac{24 - 4Z - 10}{2} = \frac{14 - 4z}{2} = 7 - 2z$$

$$y = \frac{\begin{vmatrix} 2 & 12-2z \\ 1 & 5 \end{vmatrix}}{\begin{vmatrix} 2 & 2 \\ 1 & 2 \end{vmatrix}} = \frac{10 - 12 + 2z}{2} = -1 + z \qquad \forall \alpha \in \mathbb{R}$$

$$z = \alpha;$$

(b) En primer lugar se debe conocer entre qué valores se ha de determinar la variable z.

$$\left.\begin{array}{ll} 7-2z>0; & \dfrac{7}{2}>z \\ z-1>0; & z>1 \\ z>0 & \end{array}\right\} \Rightarrow 1<z<\frac{7}{2}$$

Al tener un significado económico el problema, ha de considerarse que la variable z debe tomar valores enteros, es decir, ser un número natural y como tiene que estar entre 1 y 7/2, se estudia $z=2$ y $z=3$.

Para $z=2$, $y=1$ y $x=3$ por lo que $15\cdot 3+10\cdot 1+9\cdot 2=73$.

Para $z=3$, $y=2$ y $x=1$ por lo que $15\cdot 1+10\cdot 2+9\cdot 3=62$.

Por lo tanto, $z=2$ es el que da mayor ingreso.

Ejercicio 1.14 **Una empresa fabrica tres productos A, B y C combinando tres factores productivos F_1 F_2 F_3, y cada unidad de producto requiere las cantidades de factores que indica la tabla adjunta:**

PRODUCTOS	FACTOR 1	FACTOR 2	FACTOR 3
A	2	3	1
B	1	2	2
C	3	2	4

Las disponibilidades de los factores son 50, 70 y 40 unidades, respectivamente. Los precios de venta de cada producto son también respectivamente, 500, 600 y 1000 u.m.

Los precios de los factores son 50,70 y 60 u.m., respectivamente.

Determine el beneficio total que se consigue con la venta de la producción obtenida empleando íntegramente los recursos disponibles. Realícese a través de la inversión matricial).

SOLUCIÓN

Se plantea a través de un sistema lineal como el siguiente

$$\begin{aligned} 2x+y+3z&=50 \\ 3x+2y+2z&=70 \\ x+2y+4z&=40 \end{aligned}$$

que, expresado matricialmente,

$$\begin{pmatrix} 2 & 1 & 3 \\ 3 & 2 & 2 \\ 1 & 2 & 4 \end{pmatrix}\begin{pmatrix} x \\ y \\ z \end{pmatrix}=\begin{pmatrix} 50 \\ 70 \\ 40 \end{pmatrix}.$$

Por tanto

$$\begin{pmatrix} x \\ y \\ z \end{pmatrix} = \begin{pmatrix} 2 & 1 & 3 \\ 3 & 2 & 2 \\ 1 & 2 & 4 \end{pmatrix}^{-1} \begin{pmatrix} 50 \\ 70 \\ 40 \end{pmatrix} = \begin{pmatrix} 18 \\ 5 \\ 3 \end{pmatrix}.$$

El beneficio se determina como la diferencia entre ingresos y gastos, o sea,

$$\begin{aligned} B = I - G = {} & [500 - (2 \cdot 50 + 70 \cdot 3 + 60 \cdot 1)]\, 18 + \\ & + [600 - (1 \cdot 50 + 2 \cdot 70 + 2 \cdot 60)]\, 5 + \\ & + [1.000 - (1 \cdot 50 + 2 \cdot 70 + 2 \cdot 60)]\, 3 = 5.200 \text{ u.m.} \end{aligned}$$

A continuación interesa saber en cuánto varía la producción de B si se incrementan en una unidad más los factores productivos. En este caso,

$$y = \frac{\begin{vmatrix} 2 & 51 & 3 \\ 3 & 71 & 2 \\ 1 & 41 & 4 \end{vmatrix}}{|\mathbf{A}|} = 5$$

por lo que no varía.

Ejercicio 1.15 **Pruebe que si A es una matriz de orden $m \times n$, entonces $\mathbf{A}^t \cdot \mathbf{A}$ es una matriz simétrica.**

SOLUCIÓN

Sea la matriz de **A** de orden $m \times n$

$$\mathbf{A}_{m \times n} = \begin{pmatrix} a_{11} & a_{12} & \cdots & a_{1n} \\ a_{21} & a_{22} & \cdots & a_{2n} \\ \vdots & \vdots & \ddots & \vdots \\ a_{m1} & a_{m2} & \cdots & a_{mn} \end{pmatrix}$$

si se multiplica por su matriz transpuesta

$$\mathbf{A}^t_{n \times m} = \begin{pmatrix} a_{11} & a_{21} & \cdots & a_{m1} \\ a_{12} & a_{22} & \cdots & a_{m2} \\ \vdots & \vdots & \ddots & \vdots \\ a_{1n} & a_{2n} & \cdots & a_{mn} \end{pmatrix}$$

obtenemos una matriz simétrica de orden $m \times m$, es decir, si

$$\mathbf{A}^t_{m\times n}\cdot\mathbf{A}_{m\times n}=\begin{pmatrix} a_{11} & a_{21} & \cdots & a_{m1} \\ a_{12} & a_{22} & \cdots & a_{m2} \\ \vdots & \vdots & \ddots & \vdots \\ a_{1n} & a_{2n} & \cdots & a_{mn} \end{pmatrix}\begin{pmatrix} a_{11} & a_{12} & \cdots & a_{1n} \\ a_{21} & a_{22} & \cdots & a_{2n} \\ \vdots & \vdots & \ddots & \vdots \\ a_{m1} & a_{m2} & \cdots & a_{mn} \end{pmatrix}=$$

$$=\begin{pmatrix} \sum_{i=1}^{m} a_{i1}a_{i1} & \sum_{i=1}^{m} a_{i1}a_{i2} & \cdots & \sum_{i=1}^{m} a_{i1}a_{in} \\ \sum_{i=1}^{m} a_{i2}a_{i2} & \sum_{i=1}^{m} a_{i2}a_{i2} & \cdots & \sum_{i=1}^{m} a_{i2}a_{in} \\ \vdots & \vdots & \ddots & \vdots \\ \sum_{i=1}^{m} a_{in}a_{i1} & \sum_{i=1}^{m} a_{in}a_{i2} & \cdots & \sum_{i=1}^{m} a_{in}a_{in} \end{pmatrix}$$

Ejercicios propuestos

P1.1 Suponiendo que las siguientes matrices son regulares y del mismo orden, resuélvase

(a) $(\mathbf{X}^t\mathbf{A})^t + (\mathbf{X}^t\mathbf{B})^t = (\mathbf{A}+\mathbf{B})^t$.

(b) $\mathbf{AX} = 3\mathbf{X}$.

(c) $\mathbf{X}^{-1}\mathbf{A}^{-1}\mathbf{B} = \mathbf{A}^{-1}\mathbf{B}$.

P1.2 La fábrica EL PINAR se dedica a la construcción de estanterías, camas y armarios. Para su construcción se necesitan los siguientes materiales en las cuantías que reflejan la siguiente tabla de producción:

	Estanterías	*Camas*	*Armarios*
Madera	1	2	2
Clavos	3	2	4
Pegamento	2	3	1

La disponibilidad de los factores productivos es:

- 110 unidades de madera.
- 180 unidades de clavos.
- 145 unidades de botes de pegamento.

Determínese la producción utilizando todos los recursos disponibles.

P1.3 Discuta y resuélvase el siguiente sistema de ecuaciones según los valores del parámetro b:

$$\begin{aligned} x + y + 2z &= 0 \\ ax + y - z &= b \\ 3x + ay + z &= b \end{aligned}$$

P1.4 Resuélvase la siguiente ecuación matricial

$$c + ax - bx = a + b + c \ ,$$

siendo

$$a = \begin{pmatrix} 2 & -2 \\ 1 & 0 \end{pmatrix}; \quad b = \begin{pmatrix} 1 & -2 \\ 2 & 1 \end{pmatrix}; \quad c = \begin{pmatrix} 1 & 3 \\ 5 & 6 \end{pmatrix}.$$

P1.5 Calcúlese a y b para que el siguiente sistema lineal homogéneo tenga solución distinta a la trivial

$$\begin{aligned} x - ay + z &= 0 \\ x - y - z &= 0 \\ 2x - y - bz &= 0 \\ y + z &= 0 \end{aligned}$$

P1.6 El centro comercial "La galería" oferta esta semana a un precio especial el lavavajillas, el té y un champú. Tres consumidores hacen cada uno de ellos una compra con el consiguiente gasto:

PRODUCTOS (unidades)	Consumidor 1	Consumidor 2	Consumidor 3
Lavavajillas	2	4	1
Caja de té	4	1	2
Champú	1	2	4
COSTE DE LA COMPRA	84 EUROS	126 EUROS	70 EUROS

¿Cuál es el precio de los tres productos?

P1.7 Justifique los siguientes resultados

$$\begin{vmatrix} 1 & 0 & 0 & 2 \\ 0 & 1 & 0 & 2 \\ 2 & 1 & 0 & 0 \\ 0 & 0 & 0 & 1 \end{vmatrix} = 0; \quad \begin{vmatrix} 4 & -5 & 8 \\ 2 & 6 & 4 \\ 1 & 3 & 2 \end{vmatrix} = 0;$$

$$\begin{vmatrix} x & y & z \\ x^2 & y^2 & z^2 \\ x^3 & y^3 & z^3 \end{vmatrix} = xyz \begin{vmatrix} 1 & 1 & 1 \\ x & y & z \\ x^2 & y^2 & z^2 \end{vmatrix};$$

$$\begin{vmatrix} 1 & a & b+c \\ 1 & b & c+a \\ 1 & c & a+b \end{vmatrix} = 0$$

P1.8 Calcule los siguientes determinantes

$$\begin{vmatrix} 2 & 0 & 1 & 7 \\ 0 & 3 & 0 & -1 \\ 5 & 1 & 4 & 0 \\ 4 & 0 & 6 & 8 \end{vmatrix}; \quad \begin{vmatrix} 0 & 1 & 0 & -2 \\ 0 & 0 & 5 & 4 \\ 2 & 2 & 0 & 0 \\ 3 & 2 & -1 & 3 \end{vmatrix}$$

P1.9 Calcule el valor del parámetro a para que el siguiente sistema tenga:

$$\begin{aligned} x + y - z &= 2 \\ x + 2y + z &= 3 \\ x + y + (a^2 - 5)\, z &= a \end{aligned}$$

(a) Solución única.
(b) Infinitas soluciones.
(c) Ninguna solución.

P1.10 Estudie, utilizando el teorema de Rouché-Fröbenius, la compatibilidad de los siguientes sistemas:

(a) $$\begin{aligned} x + y &= 1 \\ y + z &= 5 \end{aligned}$$

(b) $$\begin{aligned} x + y &= 1 \\ 2x + 3y &= 2 \\ 3x + 4y &= 9 \end{aligned}$$

(c) $$\begin{aligned} 5x - 11y + 9z &= 4 \\ 3x - 7y + 7z &= k \\ x - y - 3z &= -1 \end{aligned}$$

según los valores de k.

P1.11 Resuelva los siguientes sistemas lineales:

(a) $$\begin{aligned} x + y &= 1 \\ 2x + z &= 0 \end{aligned}$$

(b) $$\begin{aligned} 2x + y + 2z + 4t &= 1 \\ 3x + 2y - 3z + t &= 2 \\ 4x + 2z &= 1 \\ x &= 0 \end{aligned}$$

(c) $$\begin{aligned} x + y + z &= a \\ 2x + y + 2z &= 1 \\ ax - y - 5z &= -3 \end{aligned}$$

Según los valores del parámetro a

P1.12 Resuelva los siguientes sistemas lineales homogéneos

(a) $x + y + z + t = 0$

$x = 0$

$x + y + z + t = 0$

(b) $2x + y + z = 0$

$x + 2y + z = 0$

$x + y + 2z = 0$

(c) $ax + y + z = 0$

$x + ay + z = 0$

$x + y + az = 0$

Según los valores de a

P1.13 Discuta los siguientes sistemas lineales según los distintos valores de los parámetros

(a) $(a+1)\,x + (a+5)\,y + 4z = 4$

$ax + (a+3)\,y + 3z = 1$

(b) $bx + y + z = 4$

$x - by + z = 1$

$x + y + z = b + 2$

(c) $cx + \ y + z = 1$

$x + cy + z = c$

$x + \ y + cz = 2c$

P1.14 Sean $\{x_1, x_2, \ldots, x_n; b\}$ $n+1$ vectores pertenecientes a $\mathbb{R}^m$ relacionados a través del siguiente sistema lineal

$$
\begin{aligned}
a_{11}x_1 + a_{12}x_2 + \cdots + a_{1n}x_n &= b_1 \\
a_{21}x_1 + a_{22}x_2 + \cdots + a_{2n}x_n &= b_2 \\
\cdots\cdots\cdots\cdots\cdots\cdots\cdots\cdots& \\
a_{m1}x_1 + a_{m2}x_2 + \cdots + a_{mn}x_n &= b_n
\end{aligned}
$$

¿Cuándo el vector b será combinación lineal de los vectores $\{x_1, x_2, \ldots, x_n\}$?

P1.15 Sean $\{x_1, x_2, \ldots, x_n; b\}$ $n+1$ vectores pertenecientes a $\mathbb{R}^n$ relacionados a través del siguiente sistema lineal

$$\begin{aligned} a_{11}x_1 + a_{12}x_2 + \cdots + a_{1n}x_n &= b_1 \\ a_{21}x_1 + a_{22}x_2 + \cdots + a_{2n}x_n &= b_2 \\ \cdots\cdots\cdots\cdots\cdots\cdots & \\ a_{n1}x_1 + a_{n2}x_2 + \cdots + a_{nn}x_n &= b_n \end{aligned}$$

¿Cuándo el vector b será linealmente independiente respecto de los vectores $\{x_1, x_2, \ldots, x_n\}$?

P1.16 Sea M un sistema lineal de m ecuaciones con n incógnitas. Si $m < n$ verifique que M puede ser incompatible o compatible indeterminado, pero no puede tener una única solución.

P1.17 Sean $\{\vec{\mathbf{u}}_1, \vec{\mathbf{u}}_2, \ldots, \vec{\mathbf{u}}_n\}$ los vectores de $\mathbb{R}^n$ que tienen los siguientes componenetes: el vector $\vec{\mathbf{u}}_i$ (para $i = 1, 2, \ldots, n$) tiene todas sus componentes valiendo 1 excepto la del lugar i que vale h. Hállese el rango de $\{\vec{\mathbf{u}}_1, \vec{\mathbf{u}}_2, \ldots, \vec{\mathbf{u}}_n\}$ en función de h.

P1.18 Estudie el rango del siguiente sistema $\{\vec{\mathbf{u}}_1, \vec{\mathbf{u}}_2, \ldots, \vec{\mathbf{u}}_6\}$, siendo:

$$\begin{aligned} \vec{\mathbf{u}}_1 &= (2, 6, 2, 9, 5) \\ \vec{\mathbf{u}}_2 &= (1, 0, 0, 1, 0) \\ \vec{\mathbf{u}}_3 &= (9, 2, 0, 0, 1) \\ \vec{\mathbf{u}}_4 &= (2, 0, -1, 0, 1) \\ \vec{\mathbf{u}}_5 &= (-1, 0, 1, 0, 1) \\ \vec{\mathbf{u}}_6 &= (0, 0, 0, 0, 1) \end{aligned}$$

P1.19 Determine los valores de α y β para que el rango de la siguiente matriz sea lo más pequeño posible:

$$\begin{pmatrix} 1 & 0 & 3 & 4 \\ -1 & 1 & 5 & 4 \\ 0 & 0 & 2 & \alpha \\ 2 & 0 & 1 & \beta \end{pmatrix}$$

P1.20 Sea S un sistema formado por los vectores: $\{(1, 2, 3); (2, 9, 1); (x, y, z)\}$. Establezca la relación que debe de existir entre ellos para que el sistema sea linealmente independiente.

CAPÍTULO 2

Espacios vectoriales

Nociones teóricas

ESTRUCTURAS ALGEBRAICAS

Grupo Abeliano $\{\mathbb{V}, +\}$

1. Asociativa: $(\vec{\mathbf{v}}_1 + \vec{\mathbf{v}}_2) + \vec{\mathbf{v}}_3 = \vec{\mathbf{v}}_1 + (\vec{\mathbf{v}}_2 + \vec{\mathbf{v}}_3)$.
2. Existencia de elemento neutro: $\vec{\mathbf{v}} + \vec{\mathbf{0}} = \vec{\mathbf{v}}$.
3. Existencia de elemento opuesto: $\vec{\mathbf{v}} + (-\vec{\mathbf{v}}) = \vec{\mathbf{0}}$.
4. Conmutativa: $\vec{\mathbf{v}}_1 + \vec{\mathbf{v}}_2 = \vec{\mathbf{v}}_2 + \vec{\mathbf{v}}_1$.

Cuerpo conmutativo $\{\mathbb{K}, +, \bullet\}$

1. $\{\mathbb{K}, +\}$ es grupo abeliano.
2. $\{\mathbb{K}, \bullet\}$ es grupo abeliano en el cual todos los elementos tienen inverso salvo el 0.
3. Distributiva: $k_1 \cdot (k_2 + k_3) = k_1 \cdot k_2 + k_1 \cdot k_3$.

DEFINICIÓN $\{\mathbb{V}, +, \bullet\}$ es **espacio vectorial** (donde $+$ es operación interna y $\bullet$ es operación externa respecto a $\{\mathbb{K}, +, \bullet\}$ cuerpo conmutativo), si $\{\mathbb{V}, +\}$ es grupo abeliano y, además,

1. $k \cdot (\vec{\mathbf{v}}_1 + \vec{\mathbf{v}}_2) = k \cdot \vec{\mathbf{v}}_1 + k \cdot \vec{\mathbf{v}}_2$.
2. $(k_1 + k_2) \cdot \vec{\mathbf{v}} = k_1 \cdot \vec{\mathbf{v}} + k_2 \cdot \vec{\mathbf{v}}$.

3. $(k_1 \cdot k_2) \cdot \vec{\mathbf{v}} = k_1 \cdot (k_2 \cdot \vec{\mathbf{v}})$.
4. $1 \cdot \vec{\mathbf{v}} = \vec{\mathbf{v}}$ (siendo 1 el elemento neutro de $\{\mathbb{K}, \bullet\}$).

Nota: Los elementos de $\mathbb{V}$ habitualmente se llaman vectores y los elementos de $\mathbb{K}$ escalares.

Propiedades de los espacios vectoriales

1. $k \cdot \vec{\mathbf{0}} = \vec{\mathbf{0}} \quad \forall k \in \mathbb{K}$.
2. $0 \cdot \vec{\mathbf{v}} = \vec{\mathbf{0}} \quad \forall \vec{\mathbf{v}} \in \mathbb{V}$.
3. $k \cdot (-\vec{\mathbf{v}}) = (-k) \cdot \vec{\mathbf{v}} = -(k \cdot \vec{\mathbf{v}})$.
4. Si $k \cdot \vec{\mathbf{v}} = \vec{\mathbf{0}} \quad \Rightarrow \quad k = 0$ o $\vec{\mathbf{v}} = 0$.

DEFINICIÓN Se llama **combinación lineal** (c.l.) de un conjunto de vectores $\{\vec{\mathbf{v}}_1, \ldots, \vec{\mathbf{v}}_n\}$ a $k_1 \cdot \vec{\mathbf{v}}_1 + k_2 \cdot \vec{\mathbf{v}}_2 + \cdots + k_n \cdot \vec{\mathbf{v}}_n$ con $k_1, \ldots, k_n \in \mathbb{K}$.

DEFINICIÓN Dados $\{\vec{\mathbf{v}}_1, \vec{\mathbf{v}}_2, \ldots, \vec{\mathbf{v}}_n\}$ se dice que son **linealmente dependientes** (l.d.) si al menos uno de ellos se puede poner como combinación lineal de los restantes. En caso contrario, se dice que son **linealmente independientes** (l.i.).

TEOREMA Un conjunto de vectores $\{\vec{\mathbf{v}}_1, \vec{\mathbf{v}}_2, \ldots, \vec{\mathbf{v}}_n\}$ son linealmente dependientes $\Leftrightarrow \sum_{i=1}^{n} k_i \cdot \vec{\mathbf{v}}_i = \vec{\mathbf{0}}$ existe algún $k_i \neq 0$.

Propiedades de la dependencia e independencia lineal

1. Un conjunto de vectores l.i. no puede contener a $\vec{\mathbf{0}}$.
2. Un conjunto de vectores l.i. no puede contener dos vectores iguales ni dos vectores proporcionales.
3. Si $\vec{\mathbf{x}}$ es c.l. de $\{\vec{\mathbf{v}}_1, \ldots, \vec{\mathbf{v}}_n\}$ y éstos son l.i. entonces las coordenadas de $\vec{\mathbf{x}}$ son únicas.

DEFINICIÓN Se llama **sistema generador** de un espacio vectorial $\mathbb{V}$ a todo subconjunto $S \subset \mathbb{V}$ tal que cualquier vector de $\mathbb{V}$ se puede poner como c.l. de los elementos de S.

DEFINICIÓN Se define como **base** de un espacio vectorial a un subconjunto $B = \{\vec{\mathbf{v}}_1, \ldots, \vec{\mathbf{v}}_n\}$ de $\mathbb{V}$ tal que sus elementos sean l.i. y s.g. de $\mathbb{V}$.

DEFINICIÓN Se define como **dimensión** de un espacio vectorial al número de elementos de cualquiera de sus bases.

MÉTODO DE GAUSS PARA EL CÁLCULO DEL RANGO DE UN CONJUNTO DE VECTORES

Se llama **rango de un conjunto de vectores** al número de vectores linealmente independientes que se pueden extraer de dicho conjunto.

Asimismo, como una matriz está formada por filas o columnas, que pueden ser consideradas como vectores, también se define como **rango de una matriz** al número de filas o de columnas linealmente independientes.

Existen ciertas transformaciones que podemos hacer en un conjunto de vectores que no varían el número de vectores linealmente independientes que podemos extraer de él. Estas transformaciones son:

- Cambiar el orden de los vectores entre sí.
- Multiplicar a uno de ellos por una constante.
- Añadir a uno de ellos una combinación lineal de los restantes.

El método de Gauss consiste en transformar un conjunto de vectores en otro en el cual sea evidente contar cuantos vectores hay que sean linealmente independientes.

Con este fin, colocamos los vectores en una matriz de forma que los vectores sean las filas de la matriz. (*Nota:* En aplicaciones lineales, cuando utilizamos el cálculo matricial los vectores se colocan habitualmente en forma de columna).

Mediante las transformaciones anteriores conseguiremos una matriz triangular superior y en ella observamos de modo muy sencillo el número de vectores linealmente independientes.

EJEMPLO

Calcule el rango de $\{(2,1,3);(1,-1,2);(-1,3,0)\}$

$$\begin{pmatrix} 2 & 1 & 3 \\ 1 & -1 & 2 \\ -1 & 3 & 0 \end{pmatrix} \underset{F_1 \leftrightarrow F_2}{\longrightarrow} \begin{pmatrix} 1 & -1 & 2 \\ 2 & 1 & 3 \\ -1 & 3 & 0 \end{pmatrix} \underset{\substack{F_2 \to F_2 - 2F_1 \\ F_3 \to F_3 + F_1}}{\longrightarrow} \begin{pmatrix} 1 & -1 & 2 \\ 0 & 3 & -1 \\ 0 & 2 & 2 \end{pmatrix} \underset{\substack{F_2 \leftrightarrow F_3 \\ F_2 \to \frac{1}{2}F_2}}{\longrightarrow} \begin{pmatrix} 1 & -1 & 2 \\ 0 & 1 & 1 \\ 0 & 3 & -1 \end{pmatrix} \underset{F_3 \to F_3 - 3F_2}{\longrightarrow} \begin{pmatrix} 1 & -1 & 2 \\ 0 & 1 & 1 \\ 0 & 0 & -4 \end{pmatrix}$$

Ahora podemos deducir que hay 3 vectores linealmente independientes y por tanto, el rango del conjunto de vectores es 3.

Propiedades del sistema generador y base

1. De todo sistema generador finito de $\mathbb{V}$ puede extraerse una base.
2. Si $\mathbb{V}$ admite una base con n vectores, entonces todo conjunto de n vectores l.i. de $\mathbb{V}$ es base.
3. Si $\mathbb{V}$ admite una base con n vectores no puede haber más de n vectores l.i.
4. Si $\mathbb{V}$ admite una base con n vectores, todas las bases de $\mathbb{V}$ tienen n vectores.
5. Todo vector $\bar{\mathbf{x}}$ de un espacio vectorial tiene coordenadas únicas respecto a una base dada.

DEFINICIÓN $\{S, +, \bullet\}$ es un **subespacio vectorial** si $S \subset \mathbb{V}$ y $\{S, +, \bullet\}$ ya tiene estructura de espacio vectorial.

TEOREMA (*Condición necesaria y suficiente de subespacio*)

$\{S, +, \bullet\} \subset \{\mathbb{V}, +, \bullet\}$ es subespacio vectorial $\Leftrightarrow$

$k_1 \cdot \vec{\mathbf{v}}_1 + k_2 \cdot \vec{\mathbf{v}}_2 \in S \quad \forall k_1, k_2 \in \mathbb{K} \quad \forall \vec{\mathbf{v}}_1, \vec{\mathbf{v}}_2 \in S \ (\Leftrightarrow \ \vec{\mathbf{v}}_1 + \vec{\mathbf{v}}_2 \in S \quad \text{y} \quad k \cdot \vec{\mathbf{v}} \in S)$.

Propiedades de los subespacios vectoriales

1. Todos los vectores generados por un conjunto de vectores $\{\vec{\mathbf{v}}_1, \ldots, \vec{\mathbf{v}}_p\}$ forman un subespacio vectorial $S = \left\{ \sum_{i=1}^{p} k_i \cdot \vec{\mathbf{v}}_i \Big/ k_i \in \mathbb{K} \right\}$. Dicho subespacio se llama **variedad lineal** engendrada por $\{\vec{\mathbf{v}}_1, \ldots, \vec{\mathbf{v}}_p\}$ y se representa por $\mathcal{L}\{\vec{\mathbf{v}}_1, \ldots, \vec{\mathbf{v}}_p\}$.

2. Si S_1 y S_2 son subespacios vectoriales también lo es $S_1 \cap S_2 = \{\vec{\mathbf{v}} / \ \vec{\mathbf{v}} \in S_1 \ \text{ y } \ \vec{\mathbf{v}} \in S_2\}$.

3. Si S_1 y S_2 son subespacios vectoriales también lo es $S_1 + S_2 = \{\vec{\mathbf{v}} = \vec{\mathbf{v}}_1 + \vec{\mathbf{v}}_2 / \ \vec{\mathbf{v}}_1 \in S_1 \ \text{ y } \ \vec{\mathbf{v}}_2 \in S_2\}$.

DEFINICIÓN Dos **subespacios vectoriales** S_1 y S_2 son **linealmente independientes** cuando todo vector $\vec{\mathbf{x}} \in S_1 + S_2$ se puede expresar de forma única como $\vec{\mathbf{x}} = \vec{\mathbf{v}}_1 + \vec{\mathbf{v}}_2 / \vec{\mathbf{v}}_1 \in S_1, \vec{\mathbf{v}}_2 \in S_2$.

S_1 y S_2 son linealmente independientes $\Leftrightarrow$ $S_1 \cap S_2 = \vec{\mathbf{0}}$.

DEFINICIÓN Dos **subespacios vectoriales** S_1 y S_2 son **suplementarios** si $S_1 \cap S_2 = \vec{\mathbf{0}}$ y $S_1 + S_2 = \mathbb{V}$. En este caso, también se dice que $\mathbb{V}$ es **suma directa** de S_1 y S_2 y se representa por $\mathbb{V} = S_1 \oplus S_2$.

Si S_1 y S_2 son suplementarios, entonces $\dim(\mathbb{V}) = \dim(S_1) + \dim(S_2)$.

En general se cumple que

$$\dim(S_1 + S_2) = \dim(S_1) + \dim(S_2) - \dim(S_1 \cap S_2) .$$

CAMBIO DE BASE EN $\mathbb{R}^n$

Sean $\mathbf{B}_1$ y $\mathbf{B}_2$ bases de $\mathbb{R}^n$ y sea $\vec{\mathbf{x}} \in \mathbb{R}^n$. Consideramos las matrices $\mathbf{B}_1$ formada por los vectores de dicha base colocados en columna y, análogamente, la matriz $\mathbf{B}_2$. También las matrices columna $\mathbf{X}$ y $\mathbf{X}'$ formadas por las coordenadas de $\vec{\mathbf{x}} \in \mathbb{R}^n$ en cada una de las bases $\mathbf{B}_1$ y $\mathbf{B}_2$. Entonces tenemos la siguiente igualdad matricial:

$$\mathbf{B}_1 \cdot \mathbf{X} = \mathbf{B}_2 \cdot \mathbf{X}'.$$

Operando obtenemos

$$\mathbf{B}_1 \cdot \mathbf{X} = \mathbf{B}_2 \cdot \mathbf{X}'$$

multiplicando por la izquierda por $\mathbf{B}_2^{-1}$ se obtiene

$$\mathbf{B}_2^{-1} \cdot \mathbf{B}_1 \cdot \mathbf{X} = \mathbf{X}'$$

y llamando $\mathbf{C} = \mathbf{B}_2^{-1} \cdot \mathbf{B}_1$, se obtiene que $\mathbf{C}$ es la matriz del cambio de base puesto que $\mathbf{X}' = \mathbf{C} \cdot \mathbf{X}$.

Análogamente, multiplicando por la izquierda por $\mathbf{B}_1^{-1}$ se obtiene $\mathbf{X} = \mathbf{B}_1^{-1} \cdot \mathbf{B}_2 \cdot \mathbf{X}'$ y, por tanto, la matriz de cambio de base de $\mathbf{B}_2$ a $\mathbf{B}_1$ es, precisamente, $\mathbf{C}^{-1} = \mathbf{B}_1^{-1} \cdot \mathbf{B}_2$.

Ejercicios resueltos

Ejercicio 2.1 **Dese la dimensión y una base de cada uno de los siguientes espacios vectoriales:**

(a) **Matrices** 2×2 **.**

(b) **Polinomios de grado** $\leq$ **4.**

(c) **Funciones continuas de** $\mathbb{R}\rightarrow\mathbb{R}$ **.**

SOLUCIÓN

(a) Matrices 2×2 es un espacio vectorial de dimensión 4, la base canónica de este espacio vectorial es

$$\left\{\begin{pmatrix}1&0\\0&0\end{pmatrix},\begin{pmatrix}0&1\\0&0\end{pmatrix},\begin{pmatrix}0&0\\1&0\end{pmatrix},\begin{pmatrix}0&0\\0&1\end{pmatrix}\right\}$$

Es base puesto que sus elementos son linealmente independientes y cualquier elemento del e.v. se puede poner como c.l. de ellos y, por tanto, son s.g., ya que

$$\begin{pmatrix}a&b\\c&d\end{pmatrix}=a\begin{pmatrix}1&0\\0&0\end{pmatrix}+b\begin{pmatrix}0&1\\0&0\end{pmatrix}+c\begin{pmatrix}0&0\\1&0\end{pmatrix}+d\begin{pmatrix}0&0\\0&1\end{pmatrix}.$$

También se pueden encontrar otras bases de matrices 2×2 , ya que cualquier conjunto de 4 matrices que sean linealmente independientes nos servirían como base.

(b) Polinomios de grado ≤ 4 es un espacio vectorial de dimensión 5, la base canónica de este espacio vectorial es:

$$\{1, x, x^2, x^3, x^4\}.$$

Es base puesto que sus elementos son linealmente independientes y cualquier elemento del e.v. se puede poner como c.l. de ellos y, por tanto, son s.g., ya que

$$ax^4+bx^3+cx^2+dx+e=a(x^4)+b(x^3)+c(x^2)+d(x)+e(1).$$

También se pueden encontrar otras bases de polinomios de grado ≤ 4.

(c) Funciones continuas de $\mathbb{R}\rightarrow\mathbb{R}$ es un espacio vectorial de dimensión infinita y, por tanto, no se puede dar ninguna base.

Ejercicio 2.2 **Véase si** S **es subespacio vectorial de** $\mathbb{V}$ **y, en caso afirmativo, dese la dimensión y una base.**

(a) $S=\{(a,b,0)/\ a,b\in\mathbb{R}\}$ **y** $\mathbb{V}=\mathbb{R}^3$ **.**

(b) $S=\{(a,b,c)/\ a+b+c=0\}$ **y** $\mathbb{V}=\mathbb{R}^3$ **.**

(c) $S=\{ax^2+c/\ a,c\in\mathbb{R}\}$ **y** $\mathbb{V}=$ Polinomios de grado ≤ 2 **.**

(d) ***S*** **es el conjunto de matrices** 2×2 **cuyo determinante es 0 y** $\mathbb{V}=$ Matrices 2×2 **.**

SOLUCIÓN

(a) En primer lugar, véase si *S* es subespacio vectorial. Para ello, compruébese si cumple la condición necesaria y suficiente $k_1\cdot\vec{\mathbf{v}}_1+k_2\cdot\vec{\mathbf{v}}_2\in S$

$$k_1(a,b,0)+k_2(a',b',0)=(k_1a,\ k_1b,\ 0)+(k_2a',\ k_2b',\ 0)=$$
$$=(k_1a+k_2a',\ k_1b+k_2b',\ 0)\in S$$

Se cumple la condición ya que la terna está formada por números reales en la 1.ª y 2.ª coordenadas y por 0 en la 3.ª coordenada.

Puesto que $(a,b,0)=a(1,0,0)+b(0,1,0)$, la dimensión de *S* es 2 y una base de *S* está formada por los vectores $\{(1,0,0);(0,1,0)\}$.

(b) Primeramente, véase si *S* es subespacio vectorial. Comprobando si cumple la condición necesaria y suficiente $k_1\cdot\vec{\mathbf{v}}_1+k_2\cdot\vec{\mathbf{v}}_2\in S$

$$k_1(a,b,c)+k_2(a',b',c')=(k_1a,k_1b,k_1c)+(k_2a',k_2b',k_2c')=$$
$$=(k_1a+k_2a',k_1b+k_2b',k_1c+k_2c')$$

Para que sea elemento de *S*, la suma de sus tres coordenadas debe de ser 0. Esta condición se cumple ya que

$$k_1a+k_2a'+k_1b+k_2b'+k_1c+k_2c'=k_1(a+b+c)+k_2(a'+b'+c')=$$
$$=k_1\cdot 0+k_2\cdot 0=0.$$

La dimensión de *S* será

$$\dim(\mathbb{V})-\text{n}^{\text{o}}\text{ ecuaciones independientes}=3-1=2\,.$$

Para obtener una base, de $a+b+c=0$ obtenemos que $c=-a-b$ y, por tanto,

$$(a,b,c)=(a,b,-a-b)=a(1,0,-1)+b(0,1,-1)\,,$$

luego una base de *S* viene dada por $\{(1,0,-1);(0,1,-1)\}$.

(c) Si *S* es subespacio vectorial, se ha de comprobar si cumple la condición necesaria y suficiente $k_1\cdot\vec{\mathbf{v}}_1+k_2\cdot\vec{\mathbf{v}}_2\in S$. Como

$$k_1(ax^2+c)+k_2(a'x^2+c')=(k_1a+k_2a')\,x^2+(k_1c+k_2c')$$

cumple la condición para pertenecer a *S*, ya que no tiene término en *x*.

La dimensión de *S* es 2 y una base viene dada por $\{1,x^2\}$.

(d) *S* no es subespacio vectorial, ya que si tomamos $\begin{pmatrix}1&2\\0&0\end{pmatrix}\in S$ puesto que su determinante es 0 y también $\begin{pmatrix}0&0\\3&1\end{pmatrix}\in S$ por la misma razón, sin embargo, su suma $\begin{pmatrix}1&2\\3&1\end{pmatrix}\notin S$, ya que su determinante es distinto de 0.

Ejercicio 2.3 **Exprésese $\mathbf{u}(x)$ como c.l. de $\mathbf{v}(x) = 2x^2 + 3x + 4$ y $\mathbf{w}(x) = x^2 - 2x - 3$.**

(a) $\mathbf{u}(x) = 4x^2 + 13x + 18$.

(b) $\mathbf{u}(x) = 5x^2 + 4x + 5$.

(c) $\mathbf{u}(x) = 4x^2 - 6x - 1$.

SOLUCIÓN

(a) Para que $\mathbf{u}(x)$ sea c.l. de los vectores anteriores se tiene que poder expresar por $\mathbf{u}(x) = a \cdot \mathbf{v}(x) + b \cdot \mathbf{w}(x)$, siendo a, b números reales. A continuación se calculan dichos números. Sustituyendo

$$\begin{aligned} 4x^2 + 13x + 18 &= a(2x^2 + 3x + 4) + b(x^2 - 2x - 3) = \\ &= 2ax^2 + 3ax + 4a + bx^2 - 2bx - 3b = \\ &= (2a + b)\,x^2 + (3a - 2b)\,x + 4a - 3b. \end{aligned}$$

Identificando coeficientes se obtiene el sistema:

$$\begin{cases} 2a + b = 4 \\ 3a - 2b = 13 \\ 4a - 3b = 18 \end{cases}$$

cuyas soluciones son $a = 3$ y $b = -2$.

Por lo tanto,

$$\mathbf{u}(x) = 3\mathbf{v}(x) - 2\mathbf{w}(x).$$

(b) Sustituyendo, en este caso,

$$\begin{aligned} 5x^2 + 4x + 5 &= a(2x^2 + 3x + 4) + b(x^2 - 2x - 3) = \\ &= 2ax^2 + 3ax + 4a + bx^2 - 2bx - 3b = \\ &= (2a + b)\,x^2 + (3a - 2b)\,x + 4a - 3b. \end{aligned}$$

Identificando coeficientes se obtiene el sistema:

$$\begin{cases} 2a + b = 5 \\ 3a - 2b = 4 \\ 4a - 3b = 5 \end{cases}$$

cuyas soluciones son $a = 2$ y $b = 1$.

Por lo tanto,

$$\mathbf{u}(x) = 2\mathbf{v}(x) + \mathbf{w}(x).$$

(c) Sustituyendo, en este caso,

$$\begin{aligned} 4x^2-6x-1 &= a(2x^2+3x-4)+b(x^2-2x-3) = \\ &= 2ax^2+3ax-4a+bx^2-2bx-3b = \\ &= (2a+b)\,x^2+(3a-2b)\,x-4a-3b. \end{aligned}$$

Identificando coeficientes se obtiene el sistema:

$$\begin{cases} 2a+b=4 \\ 3a-2b=-6 \\ 4a-3b=-1 \end{cases}$$

que no tiene solución y en este caso, por lo tanto, no se puede poner $\mathbf{u}(x)$ como c.l. de $\mathbf{v}(x)$ y $\mathbf{w}(x)$.

Ejercicio 2.4 **Determínense si los siguientes conjuntos de vectores de $\mathbb{R}^3$ son linealmente dependientes o linealmente independientes.**

(a) **(1, –2, 1); (2, 1, –1); (7, –4, 1).**

(b) **(1, –3, 7); (2, 0, –6); (3, –1, –1); (2, 4, –5).**

(c) **(1, 2, –3); (1, –3, 2); (2, –1, 5).**

(d) **(2, –3, 7); (0, 0, 0); (3, –1, –4).**

(e) **(1, 1, 1); (1, –1, 5).**

(f) **(1, 1, 1); (1, 2, 3); (2, –1, 1).**

(g) **(2, 2, –1); (4, 2, –2).**

SOLUCIÓN

Este ejercicio se puede hacer utilizando como método de resolución la caracterización de un conjunto de vectores l.i., es decir, se pone el vector $\vec{\mathbf{0}}$ como c.l. del conjunto de vectores y si todos los coeficientes son 0, son l.i., en caso contrario, es un conjunto de vectores l.d.

También se puede resolver utilizando determinantes. Sabemos que el rango de un conjunto de vectores, que es precisamente el número de vectores l.i. que hay en el conjunto, es la dimensión del mayor menor distinto de cero de la matriz formada por los vectores.

(a) Poniendo los vectores en forma de matriz

$$\begin{pmatrix} 1 & -2 & 1 \\ 2 & 1 & -1 \\ 7 & -4 & 1 \end{pmatrix}$$

resulta que el determinante de esta matriz es 0, y por lo tanto, el rango es menor que 3. Por tanto, es un conjunto de vectores l.d.

(b) Son l.d. puesto que el número de vectores es mayor que la dimensión del espacio.

(c) Si se exponen los vectores en forma de matriz

$$\begin{pmatrix} 1 & 2 & -3 \\ 1 & -3 & 2 \\ 2 & -1 & 5 \end{pmatrix}$$

se comprueba que el determinante de esta matriz es distinto de 0, y por lo tanto, el rango es 3 y el conjunto de vectores son l.i.

(d) El conjunto de vectores contiene al vector $\vec{\mathbf{0}}$ que siempre es l.d. con cualquier otro. Luego son l.d.

(e) Son l.i. puesto que son dos y no son proporcionales.

(f) Al expresar los vectores en forma de matriz

$$\begin{pmatrix} 1 & 1 & 1 \\ 1 & 2 & 3 \\ 2 & -1 & 1 \end{pmatrix},$$

resulta que el determinante de esta matriz es distinto de 0, y por lo tanto, el rango es 3 y el conjunto de vectores son l.i.

(g) Son l.i. puesto que son dos y no son proporcionales.

Ejercicio 2.5 **Sea $S = \mathscr{L}\{(1,-2,5,-3);(2,3,1,-4);(3,8,-3,-5)\}$.**

(a) Hállese la dimensión y una base de *S*.

(b) Extienda la base de *S* a una base de $\mathbb{R}^4$.

SOLUCIÓN

(a) Se puede observar si el conjunto de vectores son l.i. mediante el método de Gauss, es decir,

$$\begin{pmatrix} 1 & -2 & 5 & -3 \\ 2 & 3 & 1 & -4 \\ 3 & 8 & -3 & -5 \end{pmatrix} \to \begin{pmatrix} 1 & -2 & 5 & -3 \\ 0 & 7 & -9 & 2 \\ 0 & 14 & -18 & 4 \end{pmatrix} \to \begin{pmatrix} 1 & -2 & 5 & -3 \\ 0 & 7 & -9 & 2 \\ 0 & 0 & 0 & 0 \end{pmatrix}.$$

Como hay dos vectores l.i., la dimensión del subespacio es 2 y una base es, por ejemplo, $\{(1,-2,5,-3);(2,3,1,-4)\}$ o también $\{(1,-2,5,-3);(0,7,-9,2)\}$.

(b) Una base de $\mathbb{R}^4$ que contenga a una base de *S* es $\{(1,-2,5,-3);(0,7,-9,2);(0,0,1,0);(0,0,0,1)\}$.

Ejercicio 2.6 **Sea $S = \{(x_1,x_2,x_3,x_4)/\ x_1 - x_4 = 0;\ 2x_2 + x_3 = 0\}$.**

(a) Demuéstrese que es subespacio vectorial de $\mathbb{R}^4$.

(b) Encuentre la dimensión y base de *S*.

(c) Calcúlense las coordenadas de (1, 1, –2, 1) respecto a dicha base.

SOLUCIÓN

(a) En primer lugar, se ha de comprobar que se cumple la condición necesaria y suficiente para que sea subespacio vectorial

$$k_1 \cdot (x_1, x_2, x_3, x_4) + k_2 \cdot (x_1', x_2', x_3', x_4') =$$
$$= (k_1 x_1 + k_2 x_1', k_1 x_2 + k_2 x_2', k_1 x_3 + k_2 x_3', k_1 x_4 + k_2 x_4')$$

Comprobamos que dicha condición la cumple puesto que cumple las dos ecuaciones del subespacio:

$$(k_1 x_1 + k_2 x_1') - (k_1 x_4 + k_2 x_4') = k_1 (x_1 - x_4) + k_2 (x_1' - x_4') = k_1 \cdot 0 + k_2 \cdot 0 = 0$$
$$2(k_1 x_2 + k_2 x_2') + k_1 x_3 + k_2 x_3' = k_1 (2x_2 + x_3) + k_2 (2x_2' + x_3') = k_1 \cdot 0 + k_2 \cdot 0 = 0$$

(b) En primer lugar, $\dim(S) = \dim(V) - \text{n}^{\text{o}}$ ecuaciones independientes $= 4 - 2 = 2$

Para calcular una base, vemos que $\begin{cases} x_4 = x_1 \\ x_3 = -2x_2 \end{cases}$ y, sustituyendo, obtenemos

$$(x_1, x_2, -2x_2, x_1) = x_1 (1, 0, 0, 1) + x_2 (0, 1, -2, 0)$$

y, por lo tanto, una base será $\{(1, 0, 0, 1); (0, 1, -2, 0)\}$.

(c) En este caso, $(1, 1, -2, 1) = a(1, 0, 0, 1) + b(0, 1, -2, 0)$, de donde obtenemos el sistema

$$\begin{cases} 1 = a \\ 1 = b \\ -2 = -2b \\ 1 = a \end{cases}$$

cuyas soluciones son $a = 1$ y $b = 1$.

Luego las coordenadas son (1, 1).

Ejercicio 2.7 **Calcule la dimensión y base del subespacio de $\mathbb{R}^5$ determinado por las ecuaciones**

$$\begin{cases} x + 2y - 2z + 2s - t = 0 \\ x + 2y - z + 3s - 2t = 0 \\ 2x + 4y - 7z + s + t = 0 \end{cases}.$$

SOLUCIÓN

La dimensión del subespacio determinado por estas ecuaciones será: $\dim(\mathbb{V}) - \text{n}^{\text{o}}$ ecuaciones independientes.

Para calcular el número de ecuaciones independientes se halla el rango de la matriz del sistema mediante el método de Gauss

$$\begin{pmatrix} 1 & 2 & -2 & 2 & -1 \\ 1 & 2 & -1 & 3 & -2 \\ 2 & 4 & -7 & 1 & 1 \end{pmatrix} \underset{\substack{F_2=F_2-F_1 \\ F_3=F_3-2F_1}}{\rightarrow} \begin{pmatrix} 1 & 2 & -2 & 2 & -1 \\ 0 & 0 & 1 & 1 & -1 \\ 0 & 0 & -3 & -3 & 3 \end{pmatrix} \underset{F_3=F_3+3F_1}{\rightarrow} \begin{pmatrix} 1 & 2 & -2 & 2 & -1 \\ 0 & 0 & 1 & 1 & -1 \\ 0 & 0 & 0 & 0 & 0 \end{pmatrix}$$

Se observa que el rango es 2, por lo que la dimensión del subespacio es $5-2=3$.

Para calcular una base se resuelve el sistema de ecuaciones que es equivalente a

$$\begin{cases} x+2y-2z+2s-t=0 \\ x+2y-z+3s-2t=0 \end{cases}$$

cuyas soluciones son

$$s=-x-2y+3z\,;\; t=-x-2y+4z\,.$$

Por tanto, cualquier vector del subespacio será de la forma

$$(x,\,y,\,z,\,-x-2y+3z,\,-x-2y+4z)=x(1,0,0,-1,-1)+y(0,1,0,-2,-2)+ \\ +z(0,0,1,3,4),$$

luego una base del subespacio será

$$\{(1,0,0,-1,-1);\,(0,1,0,-2,-2);\,(0,0,1,3,4)\}$$

Ejercicio 2.8 **Dados los subespacios de $\mathbb{R}^3$:**

$$S_1=\{(x,y,z)\in\mathbb{R}^3/x-y+z=0\}$$
$$S_2=\{(x,y,z)\in\mathbb{R}^3/2x+y-2z=0\}$$

Determínese dimensión y base de los subespacios S_1, S_2, $S_1\cap S_2$ y S_1+S_2.

SOLUCIÓN

S_1: $\dim(S_1)=\dim(\mathbb{V})-$ nº ecuaciones independientes $=3-1=2$

Para calcular una base tenemos en cuenta que $y=z+x$ por lo que $(x,y,z)=(x,x+z,z)=x(1,1,0)+z(0,1,1)$ luego una base será $\{(1,1,0);(0,1,1)\}$.

S_2: $\dim(S_2)=\dim(\mathbb{V})-$ nº ecuaciones independientes $=3-1=2$

Para calcular una base tenemos en cuenta que $y=2z-2x$ por lo que $(x,y,z)=(x,2z-2x,z)=x(1,-2,0)+z(0,2,1)$ luego una base será $\{(1,-2,0);(0,2,1)\}$

$$S_1\cap S_2=\{(x,y,z)\in\mathbb{R}^3/x-y+z=0;\,2x+y-2z=0\}$$

$\dim(S_1\cap S_2)=\dim(\mathbb{V})-$ nº ecuaciones independientes $=3-2=1$.

Para calcular una base resolvemos el sistema $\begin{cases} x - y + z = 0 \\ 2x + y - 2z = 0 \end{cases}$ cuyas soluciones son $x = \frac{z}{3}$ $y = \frac{4z}{3}$ y por lo tanto para calcular una base $(x, y, z) = \left(\frac{z}{3}, \frac{4z}{3}, z\right) = z\left(\frac{1}{3}, \frac{4}{3}, 1\right)$ y obtenemos que una base es $\left(\frac{1}{3}, \frac{4}{3}, 1\right)$.

$S_1 + S_2$: $\dim(S_1 + S_2) = \dim(S_1) + \dim(S_2) - \dim(S_1 \cap S_2) = 2 + 2 - 1 = 3$. Luego $S_1 \cap S_2 = \mathbb{R}^3$ y una base es, por ejemplo, la base canónica.

Ejercicio 2.9 **Hállese una base de $S_1 \cap S_2$ siendo:**

$$S_1 = \{(a, b, 0)/a, b \in \mathbb{R}\} \text{ y } S_2 = \mathscr{L}\{(1, 2, 3); (1, -1, 1)\}.$$

SOLUCIÓN

Calculamos las ecuaciones cartesianas que determinan cada uno de los subespacios.

S_1 está determinado por $z = 0$.

La ecuación que determina S_2 la calculamos mediante $\begin{vmatrix} 1 & 2 & 3 \\ 1 & -1 & 1 \\ x & y & z \end{vmatrix} = 0$ y obtenemos $5x + 2y - 3z = 0$.

Por lo tanto $S_1 \cap S_2 = \{(x, y, z)/z = 0; 5x + 2y - 3z = 0\}$.

Resolviendo el sistema dado por estas dos ecuaciones obtenemos $\begin{cases} z = 0 \\ y = -\frac{5}{2}x \end{cases}$ y por lo tanto un vector cualquiera de este subespacio será $\left(x, -\frac{5}{2}x, 0\right) = x\left(1, -\frac{5}{2}, 0\right)$.

Luego una base de $S_1 \cap S_2$ es $\left(1, -\frac{5}{2}, 0\right)$.

Ejercicio 2.10 **Averigüe razonadamente si son suplementarios en $\mathbb{R}^3$ los siguientes subespacios:**

(a) $S_1 = \{(x, y, z)/x - y = 0\}$ **y** $S_2 = \mathscr{L}\{(2, 2, 3)\}$.

(b) $S_1 = \{(x, y, z)/5x + 3y = 0; x + z = 0\}$ **y** $S_2 = \{(x, y, z)/x + y - z = 0\}$.

SOLUCIÓN

Recordamos que S_1 y S_2 son suplementarios si $S_1 + S_2 = \mathbb{R}^3$ y $S_1 \cap S_2 = \{\vec{0}\}$.

(a) Comprobamos si es posible esta situación teniendo en cuenta las dimensiones de los subespacios.

$\dim(S_1) = 3 - 1 = 2$ y $\dim(S_2) = 1$ luego es posible que sean suplementarios.

Pero vemos que $S_2 \subset S_1$ ya que $(2, 2, 3) \in S_1$ luego no son suplementarios.

(b) Comprobamos si es posible esta situación teniendo en cuenta las dimensiones de los subespacios.

$\dim(S_1) = 3 - 2 = 1$ y $\dim(S_2) = 3 - 1 = 2$ luego es posible que sean suplementarios.

Estudiamos el subespacio

$$S_1 \cap S_2 = \left\{(x, y, z) \in \mathbb{R}^3 / 5x + 3y = 0;\ x + z = 0;\ x + y - z = 0\right\}$$

Resolviendo el sistema resulta que tiene solución única (0, 0, 0) y, por tanto, $S_1 \cap S_2 = \{\vec{0}\}$. Además, teniendo en cuenta que

$$\dim(S_1 + S_2) = \dim(S_1) + \dim(S_2) - \dim(S_1 \cap S_2) = 1 + 2 - 0 = 3 \quad S_1 + S_2 = \mathbb{R}^3$$

y, por tanto, son suplementarios, es decir,

$$S_1 \oplus S_2 = \mathbb{R}^3 .$$

Ejercicio 2.11 **Demuéstrese que**

$$\mathscr{L}\{(0, 1, 1); (0, 2, -1)\} = \mathscr{L}\{(0, 1, 2); (0, 2, 3); (0, 3, 1)\}$$

y encuentre las ecuaciones paramétricas de este subespacio.

SOLUCIÓN

En primer lugar, vemos que

$$(0, 1, 1) \in \mathscr{L}\{(0, 1, 2); (0, 2, 3); (0, 3, 1)\} .$$

Buscamos los coeficientes de la c.l.

$$(0, 1, 1) = a(0, 1, 2) + b(0, 2, 3) + c(0, 3, 1) .$$

Planteando y resolviendo el sistema

$$\begin{cases} 0 = 0 \\ 1 = a + 2b + 3c \\ 1 = 2a + 3b + c \end{cases}$$

obtenemos infinitas soluciones, por ejemplo,

$$\begin{cases} a = -1 \\ b = 1 \\ c = 0 \end{cases}.$$

Análogamente podemos ver que

$$(0, 2, -1) \in \mathscr{L}\{(0, 1, 2); (0, 2, 3); (0, 3, 1)\},$$

siendo los coeficientes de la c.l.

$$\begin{cases} a = -1 \\ b = 0 \\ c = 1 \end{cases}.$$

Luego

$$\mathscr{L}\{(0, 1, 1); (0, 2, -1)\} \subset \mathscr{L}\{(0, 1, 2); (0, 2, 3); (0, 3, 1)\}.$$

Por otra parte, veamos que

$$(0, 1, 2) \in \mathscr{L}\{(0, 1, 1); (0, 2, -1)\}.$$

Como anteriormente, buscamos los coeficientes de la c.l.

$$(0, 1, 2) = a(0, 1, 1) + b(0, 2, -1)$$

y obtenemos

$$\begin{cases} a = \dfrac{5}{3} \\ b = \dfrac{-1}{3} \end{cases}.$$

Veamos también que

$$(0, 2, 3) \in \mathscr{L}\{(0, 1, 1); (0, 2, -1)\}.$$

siendo los coeficientes de la c.l.

$$(0, 2, 3) = a(0, 1, 1) + b(0, 2, -1)$$

los siguientes

$$\begin{cases} a = \dfrac{8}{3} \\ b = \dfrac{-1}{3} \end{cases}.$$

Veamos, por último, que

$$(0, 3, 1) \in \mathcal{L}\{(0, 1, 1); (0, 2, -1)\}.$$

Los coeficientes de la c.l.

$$(0, 3, 1) = a(0, 1, 1) + b(0, 2, -1)$$

son $a = \frac{5}{3}$ y $b = \frac{2}{3}$.

Por lo tanto,

$$\mathcal{L}\{(0, 1, 2); (0, 2, 3); (0, 3, 1)\} \subset \mathcal{L}\{(0, 1, 1); (0, 2, -1)\},$$

por lo que deducimos que

$$\mathcal{L}\{(0, 1, 1); (0, 2, -1)\} = \mathcal{L}\{(0, 1, 2); (0, 2, 3); (0, 3, 1)\}.$$

Ejercicio 2.12 **En $\mathbb{V} = \mathbb{R}^2$ se definen las siguientes operaciones:**

$$(x_1, y_1) + (x_2, y_2) = (x_1 + x_2, y_1 + y_2)$$
$$k \cdot (x, y) = (kx, y), \quad k \in \mathbb{R}$$

Con estas operaciones, ¿es $\mathbb{V}$ espacio vectorial?

SOLUCIÓN

La operación suma está definida como se define habitualmente en $\mathbb{R}^2$, luego $(\mathbb{V}, +)$ es un grupo abeliano. Sin embargo, la operación producto está definida de forma diferente. Comprobemos, a continuación, si cumple las propiedades para ser espacio vectorial:

1. $k \cdot (\vec{\mathbf{v}}_1 + \vec{\mathbf{v}}_2) = k \cdot \vec{\mathbf{v}}_1 + k \cdot \vec{\mathbf{v}}_2$

$$k \cdot [(x_1, y_1) + (x_2, y_2)] = k \cdot (x_1 + x_2, y_1 + y_2) = (kx_1 + kx_2, y_1 + y_2)$$
$$k \cdot (x_1, y_1) + k \cdot (x_2, y_2) = (kx_1, y_1) + (kx_2, y_2) = (kx_1 + kx_2, y_1 + y_2)$$

2. $(k_1 + k_2) \cdot \vec{\mathbf{v}} = k_1 \cdot \vec{\mathbf{v}} + k_2 \cdot \vec{\mathbf{v}}$

$$(k_1 + k_2) \cdot (x, y) = [(k_1 + k_2)x, y] = (kx_1 + k_2x, y)$$
$$k_1 \cdot (x, y) + k_2 \cdot (x, y) = (k_1x, y) + (k_2x, y) = (k_1x + k_2x, 2y)$$

3. $(k_1 \cdot k_2) \cdot \vec{\mathbf{v}} = k_1 \cdot (k_2 \cdot \vec{\mathbf{v}})$

$$(k_1 \cdot k_2) \cdot (x, y) = (k_1 \cdot k_2 \cdot x, y)$$
$$k_1 \cdot [k_2 \cdot (x, y)] = k_1 \cdot (k_2 \cdot x, y) = (k_1 \cdot k_2 \cdot x, y)$$

4. $1 \cdot \vec{\mathbf{v}} = \vec{\mathbf{v}}$

$$1 \cdot (x, y) = (1 \cdot x, y) = (x, y)$$

Como se observa, no se cumple la condición 2, luego no es espacio vectorial.

Ejercicio 2.13 **Sea $\mathbb{V} = \{f: \mathbb{R} \to \mathbb{R}\}$. ¿El conjunto $U = \{f: \mathbb{R} \to \mathbb{R}/f(0) = f(1)\}$ es subespacio vectorial de $\mathbb{V}$?**

SOLUCIÓN

Veamos si U cumple las condiciones para ser subespacio vectorial:

1. Sean $f, g \in U$, entonces

$$(f+g)(0) = f(0) + g(0) = f(1) + g(1) = (f+g)(1),$$

por lo tanto, $(f+g) \in U$.

2. Sean $f \in U$ y $k \in \mathbb{R}$, entonces

$$(kf)(0) = k \cdot f(0) = k \cdot f(1) = (kf)(1),$$

por lo tanto, $(kf) \in U$.

Por cumplir ambas condiciones U es subespacio vectorial de $\mathbb{V}$.

Ejercicio 2.14 **Encuentre una combinación lineal de los vectores $\vec{\mathbf{u}}_1$ y $\vec{\mathbf{u}}_2$ que exprese $\vec{\mathbf{v}}$ en:**

(a) $\vec{\mathbf{u}}_1 = (1, 2, -3)$, $\vec{\mathbf{u}}_2 = (-1, -3, 2)$ **y** $\vec{\mathbf{v}} = (1, 1, -4)$.

(b) $\vec{\mathbf{u}}_1 = 2x - 1$, $\vec{\mathbf{u}}_2 = -\frac{1}{2}x + 1$ **y** $\vec{\mathbf{v}} = x$.

SOLUCIÓN

(a) Se deben encontrar los coeficientes a y b tales que $\vec{\mathbf{v}} = a \cdot \vec{\mathbf{u}}_1 + b \cdot \vec{\mathbf{u}}_2$.

Planteamos la ecuación

$$(1, 1, -4) = a(1, 2, -3) + b(-1, -3, 2)$$

de donde, separando para cada coordenada, obtenemos el sistema

$$\begin{cases} a - b = 1 \\ 2a - 3b = 1 \\ -3a + 2b = -4 \end{cases},$$

cuyas soluciones son $a = 2$ y $b = 1$.

(b) Debemos encontrar los coeficientes a y b tales que $\vec{\mathbf{v}} = a \cdot \vec{\mathbf{u}}_1 + b \cdot \vec{\mathbf{u}}_2$.

Planteamos la ecuación

$$x = a(2x-1) + b\left(-\frac{1}{2}x + 1\right)$$

de donde, identificando coeficientes, obtenemos el sistema

$$\begin{cases} 2a - \dfrac{b}{2} = 1 \\ -a + b = 0 \end{cases},$$

cuyas soluciones son $a = \dfrac{2}{3}$ y $b = \dfrac{2}{3}$.

Ejercicio 2.15 **Demuéstrese que $\begin{pmatrix} 18 & \frac{13}{6} \\ 8 & -18 \end{pmatrix}$ es combinación lineal de $\begin{pmatrix} 5 & \frac{1}{2} \\ 0 & -2 \end{pmatrix}$ y de $\begin{pmatrix} \frac{3}{4} & \frac{1}{6} \\ 2 & -3 \end{pmatrix}$.**

SOLUCIÓN

Planteamos la ecuación

$$\begin{pmatrix} 18 & \frac{13}{6} \\ 8 & -18 \end{pmatrix} = a\begin{pmatrix} 5 & \frac{1}{2} \\ 0 & -2 \end{pmatrix} + b\begin{pmatrix} \frac{3}{4} & \frac{1}{6} \\ 2 & -3 \end{pmatrix}$$

de donde, igualando para cada componente, obtenemos el sistema

$$\begin{cases} 5a + \dfrac{3}{4}b = 18 \\ \dfrac{1}{2}a + \dfrac{1}{6}b = \dfrac{13}{6} \\ 2b = 8 \\ -2a - 3b = -18 \end{cases}$$

cuyas soluciones son $a = 3$ y $b = 4$.

Ejercicio 2.16 **Pruebe que si dos vectores son linealmente dependientes entonces uno de ellos es múltiplo escalar del otro.**

SOLUCIÓN

Si los vectores $\vec{u}$ y $\vec{v}$ son linealmente dependientes, por el teorema que los caracteriza sabemos que

$$\exists\, a, b \in \mathbb{R} / a \cdot \vec{\mathbf{u}} + b \cdot \vec{\mathbf{v}} = \vec{\mathbf{0}}$$

con alguno de los coeficientes al menos diferente de 0. Supongamos, sin pérdida de generalidad, que $a \neq 0$, entonces también $b \neq 0$ obviamente, luego despejando $\vec{\mathbf{u}}$ de la igualdad anterior obtenemos $\vec{\mathbf{u}} = -\frac{b}{a}\vec{\mathbf{v}}$ y, por lo tanto, $\vec{\mathbf{u}}$ es múltiplo escalar de $\vec{\mathbf{v}}$.

Ejercicio 2.17 **Determine los subespacios de $\mathbb{R}^3$ generados por los siguientes conjuntos de vectores:**

(a) $\vec{\mathbf{u}}_1 = (-1, 2, 1)$ **y** $\vec{\mathbf{u}}_2 = (2, 1, 3)$ **.**

(b) $\vec{\mathbf{u}}_1 = (-1, 1, 2)$ **,** $\vec{\mathbf{u}}_2 = (0, 1, 0)$ **y** $\vec{\mathbf{u}}_3 = (2, 4, 1)$ **.**

SOLUCIÓN

(a) Los vectores $\vec{\mathbf{u}}_1$ y $\vec{\mathbf{u}}_2$ son linealmente independientes puesto que no son proporcionales. El subespacio generado por dichos vectores será el formado por todos aquéllos que sean combinación lineal de estos dos, es decir, los vectores $\vec{\mathbf{x}}$ tales que el conjunto $\{\vec{\mathbf{u}}_1, \vec{\mathbf{u}}_2, \vec{\mathbf{x}}\}$ sea linealmente dependiente. En este caso, el rango de la matriz formada por los tres vectores es 2 y, por tanto, el determinante de la matriz formada por los tres vectores es 0, luego $\begin{vmatrix} -1 & 2 & 1 \\ 2 & 1 & 3 \\ x & y & z \end{vmatrix} = 0$; esta condición es equivalente, desarrollando el determinante, a $x + y - z = 0$. Luego el subespacio es $\{(x, y, z) \in \mathbb{R}^3 / x + y - z = 0\}$.

(b) Veamos si los tres vectores son linealmente independientes. Calculamos el rango de la matriz formada por ellos. Como $\begin{vmatrix} -1 & 1 & 2 \\ 0 & 1 & 0 \\ 2 & 4 & 1 \end{vmatrix} = -5$, el rango de la matriz es 3, luego el subespacio que generan es todo $\mathbb{R}^3$.

Ejercicio 2.18 **Sea** $U = \left\{ \begin{pmatrix} a & b \\ c & d \end{pmatrix} \Big/ b = 0 \text{ y } a = c + d \right\} \subset \mathbb{M}_{2\times 2}$**. Demuéstrese que** $B = \left\{ \begin{pmatrix} 2 & 0 \\ 1 & 1 \end{pmatrix}, \begin{pmatrix} 9 & 0 \\ 8 & 1 \end{pmatrix} \right\}$ **es base de *U*.**

SOLUCIÓN

El espacio vectorial $\mathbb{M}_{2\times 2}$ es de dimensión 4. El subespacio U está caracterizado por dos ecuaciones independientes, por lo tanto, $\dim(U) = 4 - 2 = 2$.

El conjunto B está formado por dos elementos que son linealmente independientes, ya que no son matrices proporcionales, luego B es base de U.

Ejercicio 2.19 **Sean $B_1 = \{(1, -1, 0); (0, -1, 2)\}$ y $B_2 = \{(1, -2, 2); (3, -5, 4)\}$. Sea W un subespacio de $\mathbb{R}^3$ generado por B_1.**

(a) Pruebe que B_2 es base de W.

(b) Si $\vec{x} = (x, y, z)$ en W, halle las coordenadas de $\vec{x}$ en las bases B_1 y B_2.

SOLUCIÓN

(a) La dimensión del subespacio W es dos, ya que está generado por dos vectores que son linealmente independientes puesto que no son proporcionales. A continuación veamos que B_2 es también base de W. Sus elementos son dos vectores linealmente independientes, luego para ser base habrá que ver que son sistema generador de W. Esta condición se cumple ya que

$$(1, -2, 2) = (1, -1, 0) + (0, -1, 2)$$
$$(3, -5, 4) = 3(1, -1, 0) + 2(0, -1, 2)$$

por lo que $B_2 \subset W$, entonces tenemos dos vectores de W linealmente independientes que forman una base.

(b) Las coordenadas de $\vec{x}$ en B_1 se hallan de la siguiente forma:

$$(x, y, z) = a(1, -1, 0) + b(0, -1, 2) \Rightarrow \begin{cases} x = a \\ y = -a - b \\ z = 2b \end{cases}$$

La solución se obtiene teniendo también en cuenta $\begin{vmatrix} 1 & -1 & 0 \\ 0 & -1 & 2 \\ x & y & z \end{vmatrix} = 0 \Leftrightarrow z = -2x - 2y$.

Resolviendo el sistema obtenemos como soluciones $\begin{cases} a = x \\ b = -y - x \end{cases}$ que serán las coordenadas del vector respecto a B_1.

Seguidamente veamos cuáles son las coordenadas de $\vec{x}$ en B_2.

$$(x, y, z) = a(1, -2, 2) + b(3, -5, 4) \Rightarrow \begin{cases} x = a + 3b \\ y = -2a - 5b \\ z = 2a + 4b \end{cases}$$

Resolviendo el sistema obtenemos como soluciones $\begin{cases} a = x + 3z + 3y \\ b = -y - z \end{cases}$ que serán las coordenadas del vector respecto a B_2.

Ejercicio 2.20 **Demuestre que los vectores $\vec{u}_1 = (1, 1, 0, 0)$, $\vec{u}_2 = (0, 0, 1, 1)$, $\vec{u}_3 = (1, 0, 0, 4)$ y $\vec{u}_4 = (0, 0, 0, 2)$ forman una base de $\mathbb{R}^4$. Halle las coordenadas de los vectores de la base canónica respecto a esta base.**

SOLUCIÓN

Para demostrar que son base, al tratarse de 4 vectores que es la dimensión de $\mathbb{R}^4$, basta con ver que son linealmente independientes. En primer lugar, veamos que el rango de la matriz formada por estos cuatro vectores es 4; para ello, calculamos el determinante de dicha matriz

$$\begin{vmatrix} 1 & 0 & 1 & 0 \\ 1 & 0 & 0 & 0 \\ 0 & 1 & 0 & 0 \\ 0 & 1 & 4 & 2 \end{vmatrix} = 2\begin{vmatrix} 1 & 0 & 1 \\ 1 & 0 & 0 \\ 0 & 1 & 0 \end{vmatrix} = 2\begin{vmatrix} 1 & 0 \\ 0 & 1 \end{vmatrix} = 2 \neq 0 ;$$

luego el rango es 4 y los vectores son linealmente independientes y, consecuentemente, forman una base de $\mathbb{R}^4$.

Para calcular las coordenadas de los vectores de la base canónica en esta base, podemos hacerlo de dos formas, una de ellas es aplicando la definición de coordenadas, es decir, resolviendo los sistemas siguientes

- $(1, 0, 0, 0) = a(1, 1, 0, 0) + b(0, 0, 1, 1) + c(1, 0, 0, 4) + d(0, 0, 0, 2) \Rightarrow \begin{cases} 1 = a + c \\ 0 = a \\ 0 = b \\ 0 = b + 4c + 2d \end{cases}$

cuyas soluciones son $a = 0$, $b = 0$, $c = 1$ y $d = -2$.

- $(0, 1, 0, 0) = a(1, 1, 0, 0) + b(0, 0, 1, 1) + c(1, 0, 0, 4) + d(0, 0, 0, 2) \Rightarrow \begin{cases} 0 = a + c \\ 1 = a \\ 0 = b \\ 0 = b + 4c + 2d \end{cases}$

cuyas soluciones son $a = 1$, $b = 0$, $c = -1$ y $d = 2$.

- $(0, 0, 1, 0) = a(1, 1, 0, 0) + b(0, 0, 1, 1) + c(1, 0, 0, 4) + d(0, 0, 0, 2) \Rightarrow \begin{cases} 0 = a + c \\ 0 = a \\ 1 = b \\ 0 = b + 4c + 2d \end{cases}$

cuyas soluciones son $a = 0$, $b = 1$, $c = 0$ y $d = -\frac{1}{2}$.

- $(0, 0, 0, 1) = a(1, 1, 0, 0) + b(0, 0, 1, 1) + c(1, 0, 0, 4) + d(0, 0, 0, 2) \Rightarrow \begin{cases} 0 = a + c \\ 0 = a \\ 0 = b \\ 1 = b + 4c + 2d \end{cases}$

cuyas soluciones son $a = 0$, $b = 0$, $c = 0$ y $d = \frac{1}{2}\cdot$

Otra forma de calcular las coordenadas consiste en utilizar la matriz de cambio de base. En este caso,

$$\mathbf{C} = \mathbf{B}_2^{-1}\mathbf{B}_1 = \begin{pmatrix} 1 & 0 & 1 & 0 \\ 1 & 0 & 0 & 0 \\ 0 & 1 & 0 & 0 \\ 0 & 1 & 4 & 2 \end{pmatrix}^{-1} \begin{pmatrix} 1 & 0 & 0 & 0 \\ 0 & 1 & 0 & 0 \\ 0 & 0 & 1 & 0 \\ 0 & 0 & 0 & 1 \end{pmatrix} = \begin{pmatrix} 0 & 1 & 0 & 0 \\ 0 & 0 & 1 & 0 \\ 1 & -1 & 0 & 0 \\ -2 & 2 & -\frac{1}{2} & \frac{1}{2} \end{pmatrix}.$$

Entonces, para calcular las coordenadas de cualquier vector en la nueva base se haría $\mathbf{X}' = \mathbf{C} \cdot \mathbf{X}$, para los vectores de la base canónica:

$$\begin{pmatrix} 0 & 1 & 0 & 0 \\ 0 & 0 & 1 & 0 \\ 1 & -1 & 0 & 0 \\ -2 & 2 & -\frac{1}{2} & \frac{1}{2} \end{pmatrix} \cdot \begin{pmatrix} 1 \\ 0 \\ 0 \\ 0 \end{pmatrix} = \begin{pmatrix} 0 \\ 0 \\ 1 \\ -2 \end{pmatrix}$$

$$\begin{pmatrix} 0 & 1 & 0 & 0 \\ 0 & 0 & 1 & 0 \\ 1 & -1 & 0 & 0 \\ -2 & 2 & -\frac{1}{2} & \frac{1}{2} \end{pmatrix} \cdot \begin{pmatrix} 0 \\ 1 \\ 0 \\ 0 \end{pmatrix} = \begin{pmatrix} 1 \\ 0 \\ -1 \\ 2 \end{pmatrix}$$

$$\begin{pmatrix} 0 & 1 & 0 & 0 \\ 0 & 0 & 1 & 0 \\ 1 & -1 & 0 & 0 \\ -2 & 2 & -\frac{1}{2} & \frac{1}{2} \end{pmatrix} \cdot \begin{pmatrix} 0 \\ 0 \\ 1 \\ 0 \end{pmatrix} = \begin{pmatrix} 0 \\ 1 \\ 0 \\ -\frac{1}{2} \end{pmatrix}$$

$$\begin{pmatrix} 0 & 1 & 0 & 0 \\ 0 & 0 & 1 & 0 \\ 1 & -1 & 0 & 0 \\ -2 & 2 & -\frac{1}{2} & \frac{1}{2} \end{pmatrix} \cdot \begin{pmatrix} 0 \\ 0 \\ 0 \\ 1 \end{pmatrix} = \begin{pmatrix} 0 \\ 0 \\ 0 \\ \frac{1}{2} \end{pmatrix}$$

Ejercicio 2.21 **Sea $\mathbb{V}$ espacio vectorial real generado por las filas de la matriz**

$$\begin{pmatrix} 3 & 21 & 0 & 9 & 0 \\ 1 & 7 & -1 & -2 & -1 \\ 2 & 14 & 0 & 6 & 1 \\ 6 & 42 & -1 & 11 & 0 \end{pmatrix}.$$

(a) Halle una base para $\mathbb{V}$.

(b) Halle las ecuaciones de $\mathbb{V}$.

SOLUCIÓN

(a) Una base de $\mathbb{V}$ está formada por las filas linealmente independientes de la matriz. Podemos también razonar aplicando el método de Gauss para encontrar una matriz triangular y, a partir de ella, obtener una base de $\mathbb{V}$.

$$\begin{pmatrix} 3 & 21 & 0 & 9 & 0 \\ 1 & 7 & -1 & -2 & -1 \\ 2 & 14 & 0 & 6 & 1 \\ 6 & 42 & -1 & 11 & 0 \end{pmatrix} \xrightarrow[F_1 \leftrightarrow F_2]{} \begin{pmatrix} 1 & 7 & -1 & -2 & -1 \\ 3 & 21 & 0 & 9 & 0 \\ 2 & 14 & 0 & 6 & 1 \\ 6 & 42 & -1 & 11 & 0 \end{pmatrix} \xrightarrow[\substack{F_2 \to F_2 - 3F_1 \\ F_3 \to F_3 - 2F_1 \\ F_4 \to F_4 - 6F_1}]{} \begin{pmatrix} 1 & 7 & -1 & -2 & -1 \\ 0 & 0 & 3 & 15 & 3 \\ 0 & 0 & 2 & 10 & 3 \\ 0 & 0 & 5 & 23 & 6 \end{pmatrix} \xrightarrow[F_2 \to \frac{F_2}{3}]{}$$

$$\xrightarrow[F_2 \to \frac{F_2}{3}]{} \begin{pmatrix} 1 & 7 & -1 & -2 & -1 \\ 0 & 0 & 1 & 5 & 1 \\ 0 & 0 & 2 & 10 & 3 \\ 0 & 0 & 5 & 23 & 6 \end{pmatrix} \xrightarrow[\substack{F_3 \to F_3 - 2F_2 \\ F_4 \to F_4 - 5F_2}]{} \begin{pmatrix} 1 & 7 & -1 & -2 & -1 \\ 0 & 0 & 1 & 5 & 1 \\ 0 & 0 & 0 & 0 & 1 \\ 0 & 0 & 0 & -2 & 1 \end{pmatrix} \xrightarrow[F_3 \leftrightarrow F_4]{} \begin{pmatrix} 1 & 7 & -1 & -2 & -1 \\ 0 & 0 & 1 & 5 & 1 \\ 0 & 0 & 0 & -2 & 1 \\ 0 & 0 & 0 & 0 & 1 \end{pmatrix}$$

donde vemos que los cuatro vectores son linealmente independientes, luego $\dim(\mathbb{V}) = 4$ y una base está formada por las cuatro filas de cualquiera de las matrices anteriores.

(b) Para calcular la ecuación de este subespacio de $\mathbb{R}^5$ desarrollamos el determinante igualado a 0

$$\begin{vmatrix} 1 & 7 & -1 & -2 & 1 \\ 0 & 0 & 1 & 5 & 1 \\ 0 & 0 & 0 & -2 & 1 \\ 0 & 0 & 0 & 0 & 1 \\ x & y & z & t & w \end{vmatrix} = 0 \Rightarrow y - 7x = 0 .$$

Ejercicio 2.22 **Sea $\mathbb{V}$ un espacio vectorial real, sean**

$$B = \{\vec{\mathbf{v}}_1, \vec{\mathbf{v}}_2, \vec{\mathbf{v}}_3\} \quad \text{y} \quad B' = \{\vec{\mathbf{v}}_1 + \vec{\mathbf{v}}_2, \vec{\mathbf{v}}_2 + \vec{\mathbf{v}}_3, \vec{\mathbf{v}}_1 + \vec{\mathbf{v}}_3\}$$

bases de $\mathbb{V}$.

(a) Hállense las matrices de cambio de base de B a B' y de B' a B.

(b) Si las coordenadas de $\vec{x}$ en B son (1, 0, 3), calcúlense las coordenadas de $\vec{x}$ en B'.

SOLUCIÓN

(a) Llamando $\mathbf{B}_1 = B$ y $\mathbf{B}_2 = B'$, sabemos que las matrices de cambio de base son $\mathbf{C} = \mathbf{B}_2^{-1}\mathbf{B}_1$ para el cambio de $\mathbf{B}_1$ a $\mathbf{B}_2$ y $\mathbf{C}^{-1}$ para el cambio de $\mathbf{B}_2$ a $\mathbf{B}_1$.

De la igualdad matricial

$$(\vec{\mathbf{v}}_1 + \vec{\mathbf{v}}_2 \;\; \vec{\mathbf{v}}_2 + \vec{\mathbf{v}}_3 \;\; \vec{\mathbf{v}}_1 + \vec{\mathbf{v}}_3) = (\vec{\mathbf{v}}_1 \;\; \vec{\mathbf{v}}_2 \;\; \vec{\mathbf{v}}_3)\begin{pmatrix} 1 & 0 & 1 \\ 1 & 1 & 0 \\ 0 & 1 & 1 \end{pmatrix},$$

obtenemos que la matriz $\mathbf{C}^{-1} = \begin{pmatrix} 1 & 0 & 1 \\ 1 & 1 & 0 \\ 0 & 1 & 1 \end{pmatrix}$ y, por tanto,

$$\mathbf{C} = \begin{pmatrix} 1 & 0 & 1 \\ 1 & 1 & 0 \\ 0 & 1 & 1 \end{pmatrix}^{-1} = \begin{pmatrix} \frac{1}{2} & \frac{1}{2} & -\frac{1}{2} \\ -\frac{1}{2} & \frac{1}{2} & \frac{1}{2} \\ \frac{1}{2} & -\frac{1}{2} & \frac{1}{2} \end{pmatrix}.$$

(b) Las coordenadas de $\vec{\mathbf{x}}$ en la base B' serán, entonces,

$$\mathbf{X}' = \mathbf{C} \cdot \mathbf{X} = \begin{pmatrix} \frac{1}{2} & \frac{1}{2} & -\frac{1}{2} \\ -\frac{1}{2} & \frac{1}{2} & \frac{1}{2} \\ \frac{1}{2} & -\frac{1}{2} & \frac{1}{2} \end{pmatrix}\begin{pmatrix} 1 \\ 0 \\ 3 \end{pmatrix} = \begin{pmatrix} -1 \\ 1 \\ 2 \end{pmatrix}.$$

Ejercicio 2.23 **Sean** $S = \left\{ (x, y, z, w) \in \mathbb{R}^4 \middle/ \begin{matrix} x + y + z + w = 0 \\ x - y + 2z + 3w = 0 \\ 2x + 3z + w = 0 \end{matrix} \right\}$ **y** $W = \mathcal{L}\{(1, 1, 1, 1); (-2, 1, 0, 1)\}$ **subespacios de** $\mathbb{R}^4$.

(a) Hállese la dimensión y base de S, W y $S \cap W$.

(b) Hállese $S + W$. ¿Es suma directa $S + W$ de S y W?

SOLUCIÓN

(a) Para calcular $\dim(S) = 4 - \text{n}^{\text{o}}$ ecuaciones l.i. , entonces, reduciendo el sistema por el método de Gauss, vemos que

$$\begin{pmatrix} 1 & 1 & 1 & 1 \\ 1 & -1 & 2 & 3 \\ 2 & 0 & 3 & 1 \end{pmatrix} \underset{\substack{F_2 \to F_2 - F_1 \\ F_3 \to F_3 - 2F_1}}{\longrightarrow} \begin{pmatrix} 1 & 1 & 1 & 1 \\ 0 & -2 & 1 & 2 \\ 0 & -2 & 1 & -1 \end{pmatrix} \underset{F_3 \to F_3 - F_2}{\longrightarrow} \begin{pmatrix} 1 & 1 & 1 & 1 \\ 0 & -2 & 1 & 2 \\ 0 & 0 & 0 & -3 \end{pmatrix}$$

luego las tres ecuaciones son independientes y $\dim(S) = 4 - 3 = 1$.

Una base de S se obtiene resolviendo el sistema

$$\begin{cases} x + y + z + w = 0 \\ -2y + z + 2w = 0 \\ \qquad\qquad -3w = 0 \end{cases}$$

cuyas soluciones son, en forma paramétrica, $x = k$; $y = -\dfrac{k}{3}$; $z = -\dfrac{2k}{3}$; $w = 0$.

Por tanto, una base de S es $\left(1, -\dfrac{1}{3}, -\dfrac{2}{3}, 0\right)$, o también (3, –1, –2, 0).

Por otro lado, los dos vectores que generan W son linealmente independientes ya que no son proporcionales, luego $\dim(W) = 2$ y una base es $\{(1, 1, 1, 1); (-2, 1, 0, 1)\}$.

A continuación, veamos si $S \subset W$. Para que se cumpla esta condición

$$(3, -1, -2, 0) \in \mathscr{L}\{(1, 1, 1, 1); (-2, 1, 0, 1)\} ;$$

planteando la condición

$$(3, -1, -2, 0) = a(1, 1, 1, 1) + b(-2, 1, 0, 1)$$

y resolviendo el sistema que se obtiene vemos que no tiene solución, luego $S \not\subset W$ y $S \cap W = \varnothing$.

(b) La suma de S y W será $S + W = \mathscr{L}\{(3, -1, -2, 0); (1, 1, 1, 1); (-2, 1, 0, 1)\}$.

Su dimensión es 3 y por ser $S \cap W = \varnothing$, tenemos que $S + W = S \oplus W$, aunque $\mathbb{R}^4 \neq S \oplus W$.

Ejercicios propuestos

P2.1 Demuéstrese que el conjunto de las matrices cuadradas 2×2 con determinante distinto de 0 no es subespacio de $\mathbb{M}_{2\times 2}$.

P2.2 Escriba el vector $(2,-5,3)\in\mathbb{R}^3$ como combinación lineal de los vectores (1, –3, 2), (2, –4, –1) y (1, –5, 7).

P2.3 Hállese k para que el vector $(1,-2,k)\in\mathbb{R}^3$ sea combinación lineal de los vectores (3, 0, –2) y (2, –1, –5).

P2.4 Escriba la matriz $\begin{pmatrix} 3 & 1 \\ 1 & -1 \end{pmatrix}$ como combinación lineal de las matrices

$$\mathbf{A}=\begin{pmatrix} 1 & 1 \\ 1 & 0 \end{pmatrix};\quad \mathbf{B}=\begin{pmatrix} 0 & 0 \\ 1 & 1 \end{pmatrix}\quad y\quad \mathbf{C}=\begin{pmatrix} 0 & 2 \\ 0 & -1 \end{pmatrix}.$$

P2.5 Demuéstrese que la variedad lineal engendrada por $\{(1,2,0);(0,1,0)\}$ coincide con la engendrada por $\{(2,-1,0);(1,3,0)\}$.

P2.6 Hállese un vector de $\mathbb{R}^3$ que genere $U\cap W$ siendo $U=\{(a,b,0)/a,b\in\mathbb{R}^3\}$ y W la variedad lineal engendrada por $\{(1,2,3);(1,-1,1)\}$.

P2.7 Determínense si los siguientes conjuntos de matrices son linealmente dependientes en $\mathbb{M}_{2\times 2}$:

(a) $\mathbf{A}=\begin{pmatrix} 1 & 1 \\ 1 & 1 \end{pmatrix};\quad \mathbf{B}=\begin{pmatrix} 1 & 0 \\ 0 & 1 \end{pmatrix}\quad y\quad \mathbf{C}=\begin{pmatrix} 1 & 1 \\ 0 & 0 \end{pmatrix}.$

(b) $\mathbf{A}=\begin{pmatrix} 1 & 2 \\ 3 & 1 \end{pmatrix};\quad \mathbf{B}=\begin{pmatrix} 3 & -1 \\ 2 & 2 \end{pmatrix}\quad y\quad \mathbf{C}=\begin{pmatrix} 1 & -5 \\ -4 & 0 \end{pmatrix}.$

P2.8 Determínese si los siguientes conjuntos de vectores son bases de $\mathbb{R}^3$:

(a) $\{(1,1,1);(1,-1,5)\}$.
(b) $\{(1,2,3);(1,0,-1);(3,-1,0);(2,1,-2)\}$.
(c) $\{(1,1,1);(1,2,3);(2,-1,1)\}$.
(d) $\{(1,1,2);(1,2,5);(5,3,4)\}$.

P2.9 Halle la dimensión del subespacio vectorial generado por:

(a) (1, 2, 3, −1) y (1, 1, −2, 3).

(b) (3, −6, 3, 9) y (−2, 4, −2, 6).

(c) x^3+2x^2+3x+1 y $2x^3+4x^2+6x+2$.

(d) x^3-2x^2+5 y x^2+3x-4.

(e) $\begin{pmatrix} 1 & 2 \\ 1 & 2 \end{pmatrix}$ y $\begin{pmatrix} 1 & 1 \\ 2 & 2 \end{pmatrix}$.

(f) $\begin{pmatrix} 1 & 1 \\ -1 & -1 \end{pmatrix}$ y $\begin{pmatrix} -3 & -3 \\ 3 & 3 \end{pmatrix}$.

(g) 3 y −3.

P2.10 Sean los subespacios vectoriales siguientes $U=\mathcal{L}\{(1,1,0,-1);(1,2,3,0);(2,3,3,-1)\}$ y $W=\mathcal{L}\{(1,2,2,-2);(2,3,2,-3);(1,3,4,-3)\}$. Halle la dimensión y una base de $U+W$ y $U\cap W$.

P2.11 Sean los subespacios vectoriales $U=\mathcal{L}\{(1,3,-2,2,3);(1,4,-3,4,2);(2,3,-1,-2,9)\}$ y $W=\mathcal{L}\{(1,3,0,2,1);(1,5,-6,6,3);(2,5,3,2,1)\}$. Hállese la dimensión y una base de $U+W$ y $U\cap W$.

P2.12 Hállese una base y la dimensión del subespacio de $\mathbb{R}^5$ determinado por el siguiente sistema:

$$\begin{cases} x+2y-z+3s-4t=0 \\ 2x+4y-2z-s+5t=0 \\ 2x+4y-2z+4s-2t=0 \end{cases}$$

P2.13 Sea $U=\mathcal{L}\left\{\begin{pmatrix} 1 & -1 \\ -1 & 2 \end{pmatrix},\begin{pmatrix} 4 & 1 \\ 1 & 0 \end{pmatrix},\begin{pmatrix} 3 & -2 \\ -2 & 1 \end{pmatrix}\right\}\subset\mathbb{M}_{2\times2}$. Compruébense que estas matrices son base del subespacio y calcule las coordenadas en dicha base de $\mathbf{A}=\begin{pmatrix} 1 & -5 \\ -5 & 5 \end{pmatrix}$ y $\mathbf{B}=\begin{pmatrix} 1 & 2 \\ 2 & 4 \end{pmatrix}$.

P2.14 Sea $S\subset\mathbb{R}^2$ un subespacio formado por los vectores de la forma $(0,\ y,\ z)$ y $T=\mathcal{L}\{(1,2,0);(3,0,2)\}$. Calcule $S\cap T$ y $S+T$.

P2.15 Demuéstrese que los siguientes subespacios son iguales:

$$S_1 = \{(x, y, z)/z = 0\}$$
$$S_2 = \mathcal{L}\{(1, 0, 0); (1, 1, 0)\}$$
$$S_3 = \mathcal{L}\{(2, 2, 0); (4, 1, 0)\}$$

P2.16 En $\mathbb{R}^4$ encuéntrense las bases que contengan a los siguientes vectores:

(a) (1, 2, 1, 1).

(b) (1, 1, 0, 2); (1, −1, 2, 0).

(c) (1, 1, 0, 0); (0, 0, 1, 1); (0, 2, 3, 0).

P2.17 Supongamos que $\{\vec{\mathbf{u}}_1, \vec{\mathbf{u}}_2, \ldots, \vec{\mathbf{u}}_n\}$ son sistema generador de $\mathbb{V}$. Demuéstrese que si $\mathbf{w} \in \mathbb{V}$ entonces $\{\vec{\mathbf{u}}_1, \vec{\mathbf{u}}_2, \ldots, \vec{\mathbf{u}}_n; \mathbf{w}\}$ es s.g. de $\mathbb{V}$.

P2.18 Demuestre que cualquier conjunto de vectores que contiene al $\vec{\mathbf{0}}$ es linealmente dependiente.

P2.19 Calcule la dimensión y base de los siguientes subespacios vectoriales:

(a) $\{(x, y, z)/x + 2y - 3z = 0;\ 2x + 5y + z = 0;\ x + 3y + 4z = 0\}$.

(b) $\mathcal{L}\{(1, -2, 5, -3); (2, 3, 1, -4); (3, 8, -3, -5)\}$.

P2.20 Calcúlense las ecuaciones cartesianas de $\mathcal{L}\{(1, 0, 1); (2, -1, 0)\}$.

P2.21 En $\mathbb{R}^2$ se definen las siguientes operaciones:

$$(x_1, y_1) + (x_2, y_2) = (x_1 + x_2, 0)$$
$$k \cdot (x, y) = (kx, 0) \quad k \in \mathbb{R}$$

Con estas operaciones, ¿es $\mathbb{R}^2$ un espacio vectorial real?

P2.22 Demuéstrese que $U = \{(x, y) \in \mathbb{R}^2 / x + y = 0\}$ es un subespacio vectorial de $\mathbb{R}^2$.

P2.23 Demuéstrese que $U = \{(x, y, 0) \in \mathbb{R}^3 / x, y \in \mathbb{R}\}$ es un subespacio vectorial de $\mathbb{R}^2$.

P2.24 Determine razonadamente si los siguientes subconjuntos son subespacios vectoriales de $\mathbb{R}^n$ para $n \geq 3$.

(a) $U = \left\{(x_1, x_2, \ldots, x_n) \in \mathbb{R}^n / x_1 \geq 0\right\}$.

(b) $U = \left\{(x_1, x_2, \ldots, x_n) \in \mathbb{R}^n / x_1 + 3x_2 = x_3\right\}$.

(c) $U = \left\{(x_1, x_2, \ldots, x_n) \in \mathbb{R}^n / x_1 = x_2\right\}$.

(d) $U = \left\{(x_1, x_2, \ldots, x_n) \in \mathbb{R}^n / x_1 \cdot x_2 = 0\right\}$.

(e) $U = \left\{(x_1, x_2, \ldots, x_n) \in \mathbb{R}^n / x_1^2 + x_2^2 + \cdots + x_n^2 = 1\right\}$.

(f) $U = \left\{(x_1, x_2, \ldots, x_n) \in \mathbb{R}^n / \operatorname{sen}(x_1) = 0\right\}$.

P2.25 Determine razonadamente si los siguientes subconjuntos son subespacios vectoriales de $\mathbb{M}_{n\times n}$.

(a) $U = \left\{A \in \mathbb{M}_{n\times n} / \mathbf{A} = \mathbf{A}^t\right\}$ (donde $\mathbf{A}^t$ representa la matriz transpuesta de $\mathbf{A}$).

(b) $U = \left\{\mathbf{A} \in \mathbb{M}_{n\times n} / \exists \mathbf{A}^{-1}\right\}$.

(c) $U = \left\{\mathbf{A} \in \mathbb{M}_{n\times n} / \nexists \mathbf{A}^{-1}\right\}$.

(d) $U = \left\{\mathbf{A} \in \mathbb{M}_{n\times n} / \mathbf{A}^2 = \mathbf{A}\right\}$.

P2.26 Determine si $U = \{f\colon \mathbb{R} \to \mathbb{R} / f(3) = 1 + f(-5)\}$ es un subespacio vectorial del espacio $\mathbb{V} = \{f\colon \mathbb{R} \to \mathbb{R}\}$.

P2.27 Exprese $\vec{\mathbf{v}}$ como combinación lineal de $\{\vec{\mathbf{u}}_1, \vec{\mathbf{u}}_2, \vec{\mathbf{u}}_3\}$.

(a) $\vec{\mathbf{u}}_1 = 1 + 2i$; $\vec{\mathbf{u}}_2 = 2 + 3i$; $\vec{\mathbf{u}}_3 = i - 1$; $\vec{\mathbf{v}} = 1 - 5i$.

(b) $\vec{\mathbf{u}}_1 = 1$; $\vec{\mathbf{u}}_2 = (x-2)$; $\vec{\mathbf{u}}_3 = (x-2)^2$; $\vec{\mathbf{v}} = x^2 + x + 1$.

P2.28 Demuéstrese que $(a, b, c, d) \in \mathbb{R}^4$ es combinación lineal de $\{(1, 1, 1, 1); (2, 3, 1, 0); (-2, 1, 4, 1)\}$ si y sólo si $a + c = b + d$.

P2.29 Determine si los siguientes conjuntos de vectores son linealmente independientes o linealmente dependientes:

(a) $\{2\}$.

(b) $\{(1, 0, 1); (0, 1, 1); (1, 1, 0)\}$.

(c) $\{(1, 0); (0, 1); (1, 1)\}$.

(d) $\left\{\begin{pmatrix} 1 & 1 \\ 0 & 0 \end{pmatrix}; \begin{pmatrix} 0 & 1 \\ 1 & 0 \end{pmatrix}; \begin{pmatrix} 1 & 0 \\ 1 & 0 \end{pmatrix}; \begin{pmatrix} 0 & 1 \\ 0 & 1 \end{pmatrix}\right\}$.

P2.30 Se considera $\{\vec{\mathbf{e}}_1, \vec{\mathbf{e}}_2, \vec{\mathbf{e}}_3, \vec{\mathbf{e}}_4\}$ la base canónica de $\mathbb{R}^4$. Sean

$$\begin{cases} \vec{\mathbf{u}} = \vec{\mathbf{e}}_1 + 2\vec{\mathbf{e}}_2 + a\vec{\mathbf{e}}_3 + \vec{\mathbf{e}}_4 \\ \vec{\mathbf{v}} = \vec{\mathbf{e}}_1 + \vec{\mathbf{e}}_2 + 2\vec{\mathbf{e}}_3 + b\vec{\mathbf{e}}_4 \\ \vec{\mathbf{w}} = \vec{\mathbf{e}}_2 + b\vec{\mathbf{e}}_3 \end{cases} \text{ con } a, b \in \mathbb{R}.$$

(a) Determínense a y b para que $\{\vec{\mathbf{u}}, \vec{\mathbf{v}}, \vec{\mathbf{w}}\}$ sean linealmente dependientes.

(b) ¿Qué vector es combinación lineal de los otros dos?

P2.31 Sea $\mathbb{V}$ espacio vectorial real. Demuéstrese que:

(a) Si dos vectores $\vec{\mathbf{v}}_1$ y $\vec{\mathbf{v}}_2$ son linealmente independientes, entonces $\vec{\mathbf{v}}_1 + \vec{\mathbf{v}}_2$ y $\vec{\mathbf{v}}_1 - \vec{\mathbf{v}}_2$ también lo son.

(b) Si tres vectores $\vec{\mathbf{v}}_1$, $\vec{\mathbf{v}}_2$ y $\vec{\mathbf{v}}_3$ son linealmente independientes, entonces $\vec{\mathbf{v}}_1 + \vec{\mathbf{v}}_2$, $\vec{\mathbf{v}}_2 + \vec{\mathbf{v}}_3$ y $\vec{\mathbf{v}}_1 + \vec{\mathbf{v}}_3$ también lo son.

P2.32 Determine cuáles de los siguientes vectores pertenecen al subespacio vectorial de $\mathbb{R}^3$ generado por (1, 2, 1) y (2, 3, 4).

$$(4, 7, 6); \quad \left(\frac{1}{2}, \frac{1}{2}, \frac{3}{2}\right); \quad \left(\frac{1}{2}, 1, 1\right); \quad (2, 9, 4).$$

P2.33 Sean los conjuntos $A = \mathcal{L}\{(1, 0, 0); (0, 1, 1); (1, 1, 1)\}$ y $B = \mathcal{L}\{(1, 1, 1); (2, 1, 1); (1, 0, 0)\}$.

(a) Encuentre unos sistemas de ecuaciones que describan a los conjuntos A y B.

(b) Determine $A \cap B$.

P2.34 Encuentre una base de los siguientes subespacios:

(a) $\left\{\vec{\mathbf{x}} \in \mathbb{R}^4 / x_1 + x_2 + x_3 + x_4 = 0;\ 2x_1 + x_2 + 2x_3 - x_4 = 0;\ x_1 + x_3 = 0\right\}$.

(b) $\left\{\vec{\mathbf{x}} \in \mathbb{R}^4 / x_2 + x_3 + x_4 = 0;\ 5x_1 + x_3 - x_4 = 0\right\}$.

(c) $\left\{\vec{\mathbf{x}} \in \mathbb{R}^5 / x_1 + 2x_2 - x_3 - x_5 = 0;\ x_2 + x_3 - x_5 - 2x_4 = 0;\ x_1 - x_5 + x_4 = 0\right\}$.

(d) $\left\{\vec{\mathbf{x}} \in \mathbb{R}^4 / x_1 = x_2;\ x_3 = x_4\right\}$.

P2.35 Sean $\mathbb{V}$ un espacio vectorial real, $\{\vec{\mathbf{v}}_1, \vec{\mathbf{v}}_2\}$ un conjunto de vectores linealmente independientes y $U = \mathcal{L}\{\vec{\mathbf{v}}_1 - \vec{\mathbf{v}}_2, \vec{\mathbf{v}}_1 + \vec{\mathbf{v}}_2\}$. Pruébese que U es de dimensión 2.

P2.36 Sea $U = \left\{(x, y, z) \in \mathbb{R}^3 / x + y - z = 0\right\}$ un subespacio vectorial.

(a) Demuestre que $B = \{(1, 1, 2); (2, 1, 3)\}$ es base de U.

(b) Determine $\vec{\mathbf{v}} \in \mathbb{R}^3$, tal que $B' = \{(1, 1, 2); (2, 1, 3); \vec{\mathbf{v}}\}$ sea base de $\mathbb{R}^3$.

P2.37 Sea $U = \mathcal{L}\{(1, 0, 1); (0, 1, 0); (2, -1, 2)\}$. Demuéstrese que $\dim(U) = 2$.

P2.38 Sean $U = \mathcal{L}\{(1, 0, 1, 0); (1, 0, 0, 0); (1, 1, 1, 0)\}$ y $W = \left\{\vec{\mathbf{x}} \in \mathbb{R}^4 / x_1 + x_3 = 0\right\}$ dos subespacios vectoriales de $\mathbb{R}^4$.

(a) Encuentre una base para $U \cap W$ y para $U + W$.

(b) El vector (3, 2, 2, 1), ¿pertenece a $U + W$?

P2.39 Demuéstrese que si $ad - bc \neq 0$ entonces $\{(a, b); (c, d)\}$ es base de $\mathbb{R}^2$.

P2.40 Sean $\vec{\mathbf{v}}_1 = (1, -1, 2, -3)$, $\vec{\mathbf{v}}_2 = (-2, 3, -1, 1)$, $\vec{\mathbf{v}}_3 = (0, -1, -3, 5)$ y $\vec{\mathbf{v}}_4 = (-1, 4, 7, -12)$. Encuéntrese un subconjunto maximal linealmente independiente de $\{\vec{\mathbf{v}}_1, \vec{\mathbf{v}}_2, \vec{\mathbf{v}}_3, \vec{\mathbf{v}}_4\}$ y extenderlo a una base de $\mathbb{R}^4$.

P2.41 Sean $U = \left\{\mathbf{A} \in \mathbb{M}_{2\times2} \middle/ \mathbf{A} = \begin{pmatrix} x & -x \\ y & z \end{pmatrix}\right\}$ y $W = \left\{\mathbf{A} \in \mathbb{M}_{2\times2} \middle/ \mathbf{A} = \begin{pmatrix} a & b \\ -a & c \end{pmatrix}\right\}$ ambos subespacios vectoriales de $\mathbb{M}_{2\times2}$. Hállense las bases de $U \cap W$ y $U + W$.

P2.42 Responda razonadamente verdadero o falso a las siguientes afirmaciones:

(a) Si H genera a W de dimensión n, entonces hay una base B de W con $B \subset H$.

(b) Si A es linealmente independiente y la cardinalidad de A es igual a la dimensión de W, entonces A es base de W.

(c) Si $A = \{\vec{\mathbf{v}}_1, \vec{\mathbf{v}}_2, \vec{\mathbf{v}}_3\}$ es linealmente independiente, entonces $\{\vec{\mathbf{v}}_1 + \vec{\mathbf{v}}_2, 4\vec{\mathbf{v}}_2 - \vec{\mathbf{v}}_3\}$ es linealmente independiente.

(d) Si $A = \{\vec{\mathbf{v}}_1, \vec{\mathbf{v}}_2\}$ es linealmente dependiente, entonces $\{\vec{\mathbf{v}}_1 + \vec{\mathbf{v}}_2, \vec{\mathbf{v}}_1\}$ es linealmente dependiente.

P2.43 Sean $U = \{(x, y, z) \in \mathbb{R}^3 / y - 3z = 0; x = 0\}$ y $W = \{(x, y, z) \in \mathbb{R}^3 / x - 3y + z = 0\}$ dos subespacios vectoriales de $\mathbb{R}^3$.

(a) Hállese la base y dimensión de U y W.

(b) Hállese la expresión analítica, base y dimensión de $U \cap W$ y $U + W$.

P2.44 Sea W un espacio vectorial, $\{\vec{\mathbf{v}}_1, \ldots, \vec{\mathbf{v}}_r; \vec{\mathbf{w}}_1, \ldots, \vec{\mathbf{w}}_s\}$ linealmente independiente y $S = \mathcal{L}\{(\vec{\mathbf{v}}_1, \ldots, \vec{\mathbf{v}}_r); (\vec{\mathbf{w}}_1, \ldots, \vec{\mathbf{w}}_s)\}$. Demuéstrese que $\mathcal{L}\{\vec{\mathbf{v}}_1, \ldots, \vec{\mathbf{v}}_r\} \cap \mathcal{L}\{\vec{\mathbf{w}}_1, \ldots, \vec{\mathbf{w}}_s\} = \{\vec{\mathbf{0}}\}$.

P2.45 Determínese:

(a) $k \in \mathbb{R}$ para que los vectores $\vec{\mathbf{v}}_1 = (1, -4, 6)$, $\vec{\mathbf{v}}_2 = (1, 4, 4)$ y $\vec{\mathbf{v}}_3 = (0, -4, k)$ sean linealmente dependientes.

(b) $\lambda \in \mathbb{R}$ para que los vectores $\vec{\mathbf{v}}_1 = (1, -4, 6)$, $\vec{\mathbf{v}}_2 = (1, 4, 4)$ y $\vec{\mathbf{v}}_3 = (0, -4, \lambda)$ sean base de $\mathbb{R}^3$.

P2.46 Dados los vectores de $\mathbb{R}^5$ (1, 1, 2, 3, 4), (1, 2, 2, 3, 4), (1, 2, 3, 3, 4) y (1, 2, 3, 4, 4), hállese la condición necesaria y suficiente para que (a, b, c, d, e) pertenezca al subespacio generado por ellos.

P2.47 Sean $\vec{\mathbf{v}}_1 = (1, 1, 2)$, $\vec{\mathbf{v}}_2 = (0, 1, 3)$ y $\vec{\mathbf{v}}_3 = (3, 5, 0)$. Demuéstrese que $\mathcal{L}\{\vec{\mathbf{v}}_1, \vec{\mathbf{v}}_2, \vec{\mathbf{v}}_3\} = \mathbb{R}^3$.

P2.48 Sea el espacio vectorial $W = \left\{(x, y, z, w, t) \in \mathbb{R}^5 \Big/ \begin{matrix} 7x = y \\ 5z + 3y - w = 0 \end{matrix}\right\}$ con base $B = \{(0, 0, 1, 5, 0); (1, 7, 0, 3, 0); (0, 0, 0, 0, 1)\}$ de W. Si $(x, y, z, w, t) \in W$, ¿cuáles son sus coordenadas en la base B?

P2.49 Sean $B=\{\vec{\mathbf{v}}_1, \vec{\mathbf{v}}_2\}$ y $B'=\{\vec{\mathbf{u}}_1, \vec{\mathbf{u}}_2\}$ bases de un espacio vectorial real $\mathbb{V}$, tales que la matriz de cambio de base de B a B' sea $\begin{pmatrix} 1 & 2 \\ 5 & 1 \end{pmatrix}$. Si las coordenadas de un vector en la base B' son $\vec{\mathbf{x}}=(10, -7)$, calcúlense las coordenadas de dicho vector en la base B.

P2.50 Sean B_1, B_2 y B_3 las bases de $\mathbb{R}^3$, tales que $B_1=\{(1, 0, 0); (1, 1, 0); (1, 1, 1)\}$, $B_2=\{(1, -1, 0); (0, 1, -1); (1, 1, 1)\}$ y la matriz de cambio de base de B_1 a B_3 es $\begin{pmatrix} -1 & 2 & 3 \\ 0 & 1 & 2 \\ 0 & 0 & 1 \end{pmatrix}$.

Considérese también el vector $\vec{\mathbf{v}}$ cuyas coordenadas en la base B_2 son (2, 1, 0).

(a) Determínense las coordenadas de $\vec{\mathbf{v}}$ en B_1 utilizando la matriz de cambio de base de B_1 a B_3.

(b) Determínense las coordenadas de $\vec{\mathbf{v}}$ en B_2.

(c) Determínese $\vec{\mathbf{v}}$.

P2.51 Sea $W=\mathscr{L}\{(1, 0, 1); (0, 1, 0); (2, -1, 2)\}$.

(a) ¿Es $B=\{(0, 2, 0); (-1, 1, -1)\}$ base de W?

(b) Determínense las coordenadas de (–1, 3, –1) en la base de W $B'=\{(1, 0, 1); (0, 1, 0)\}$.

(c) Determínese, si es posible, la matriz de cambio de base de B a B'.

P2.52 Sean $B=\{(1, 0, 0); (1, 1, 0); (0, 0, 1)\}$ y $B'=\{(0, 1, 0); (0, 1, 1); (1, 0, 0)\}$ las bases de $\mathbb{R}^3$. Hállese la matriz de cambio de base de B a B' y las coordenadas del vector $\vec{\mathbf{v}}=(1, 1, 1)$ en las bases B y B'.

P2.53 Sean $B=\{(-2, 1, 0); (0, 1, -1); (-2, 2, 1)\}$ y $B'=\{(0, -1, 0); (1, -1, 0); (-1, 0, 1)\}$ las bases de $\mathbb{R}^3$.

(a) Calcúlese la matriz de cambio de base de B a B'.

(b) Si las coordenadas de un vector $\vec{\mathbf{v}}$ son (–1, 2, 3) en la base B, determine las coordenadas de $\vec{\mathbf{v}}$ en la base B' y en la base canónica.

(c) Encuentre la matriz de cambio de base de B a la base canónica.

P2.54 Sean $B_1=\{(-2, 1, 0); (0, 1, -1); (-2, 2, 1)\}$ y B_2 bases de $\mathbb{R}^3$ y $\begin{pmatrix} -1 & 2 & 1 \\ 3 & 0 & -1 \\ 0 & -1 & 1 \end{pmatrix}$ la matriz de cambio de base de B_2 a B_1.

(a) Encuéntrese la base B_2.

(b) Si $\vec{\mathbf{u}} = (x, y, z)$, calcúlense las coordenadas de dicho vector en B_2.

P2.55 Sean $B_1 = \{(3, 1, -2); (-4, 3, 4)\}$, $B_2 = \{(2, -1, 0); (-1, -2, 2)\}$ y $W = \mathcal{L}(B_1)$.

(a) Véase si B_2 es base de W.

(b) Hállese la matriz de cambio de base de B_1 a B_2, si es posible.

P2.56 Sean $U = \left\{(a, b, c) \in \mathbb{R}^3 / a + b + c = 0\right\}$ y $W = \left\{(0, 0, d) \in \mathbb{R}^3\right\}$. Demuéstrese que $\mathbb{R}^3 = U + W$. ¿Es $\mathbb{R}^3 = U \oplus W$ y $\mathbb{R}^3 = U + W$?

P2.57 Dado $U = \left\{(x, y, z, w) \in \mathbb{R}^4 / x = y; z = w\right\}$ subespacio vectorial de $\mathbb{R}^4$, hállese W tal que $\mathbb{R}^4 = U \oplus W$.

P2.58 Sean $A = \mathcal{L}\{(2, 3, 6, 0); (0, 0, 0, 1)\}$, $B = \mathcal{L}\{(1, 0, 2, 0); (0, 1, 0, 0); (0, 0, 0, 1)\}$ y $C = \{(1, 1, 0, 0); (1, 0, -1, 0); (0, 0, 0, 1)\}$. Hállense los subespacios vectoriales complementarios de A, B y C respecto de $\mathbb{R}^4$.

P2.59 Dado $U = \left\{(x, y, z, w) \in \mathbb{R}^4 / x = y; z = w\right\}$ subespacio vectorial de $\mathbb{R}^4$, hállese W tal que $\mathbb{R}^4 = U \oplus W$.

P2.60 Sean $U = \left\{(x, y, z, w) \in \mathbb{R}^4 / x = y; z = w\right\}$ y $W = \left\{(x, y, z, w) \in \mathbb{R}^4 / 2x + 3y = z - w\right\}$ dos subespacios vectoriales de $\mathbb{R}^4$. Hállese una base de $U + W$ y $U \cap W$.

P2.61 Dados $U = \left\{\mathbf{A} \in \mathbb{M}_{2\times2} \middle/ \mathbf{A} = \begin{pmatrix} x & -x \\ y & z \end{pmatrix}\right\}$ y $W = \left\{\mathbf{B} \in \mathbb{M}_{2\times2} \middle/ \mathbf{B} = \begin{pmatrix} a & b \\ -a & c \end{pmatrix}\right\}$ dos subespacios vectoriales, hállese la dimensión de $U + W$ y de $U \cap W$.

P2.62 Dados $U = \left\{\mathbf{A} \in \mathbb{M}_{2\times2} \middle/ \mathbf{A} = \begin{pmatrix} a & b \\ 0 & 0 \end{pmatrix}\right\}$ y $W = \left\{\mathbf{B} \in \mathbb{M}_{2\times2} \middle/ \mathbf{B} = \begin{pmatrix} 0 & 0 \\ c & 0 \end{pmatrix}\right\}$ dos subespacios vectoriales de $\mathbb{M}_{2\times2}$, ¿es $\mathbb{M}_{2\times2} = U \oplus W$?

CAPÍTULO 3

Aplicaciones lineales

Nociones teóricas

CORRESPONDENCIA

Existe correspondencia cuando a elementos del conjunto inicial se les hacen relacionar con elementos del conjunto final, sin cumplir ninguna condición, por ejemplo

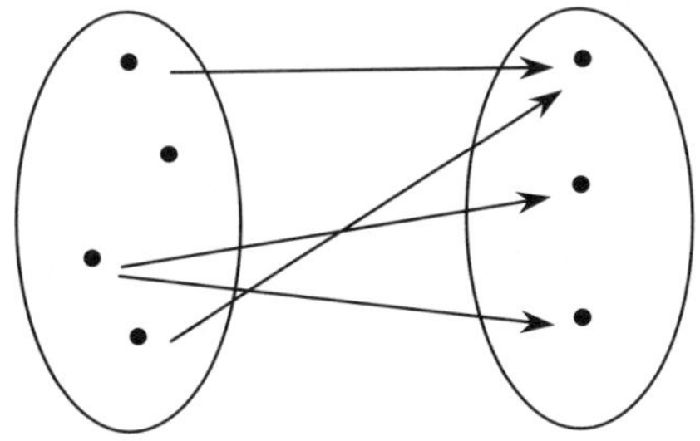

APLICACIÓN

Es una correspondencia en la que cada elemento del conjunto origen tiene, a lo sumo, una imagen (es decir, sale una sola flecha) y se representa por $f: A \to B$

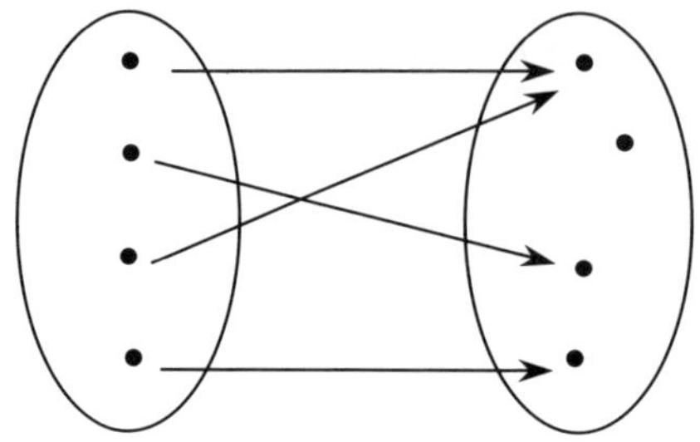

APLICACIÓN INYECTIVA

Es una aplicación que cumple la condición siguiente: Si $a \neq a' \Rightarrow f(a) \neq f(a')$. Es decir, es una aplicación donde los elementos del conjunto imagen son a lo sumo transformados de un único elemento del conjunto origen.

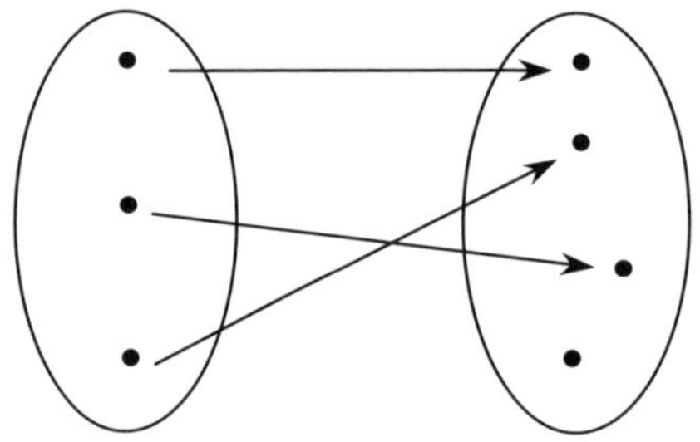

APLICACIÓN SOBREYECTIVA O SUPRAYECTIVA

Es una aplicación que cumple la condición siguiente: $\forall b \in B \ \exists a \in A / f(a) = b$. Es decir, es una aplicación donde todos los elementos del conjunto imagen son, al menos, transformados de un elemento del conjunto origen.

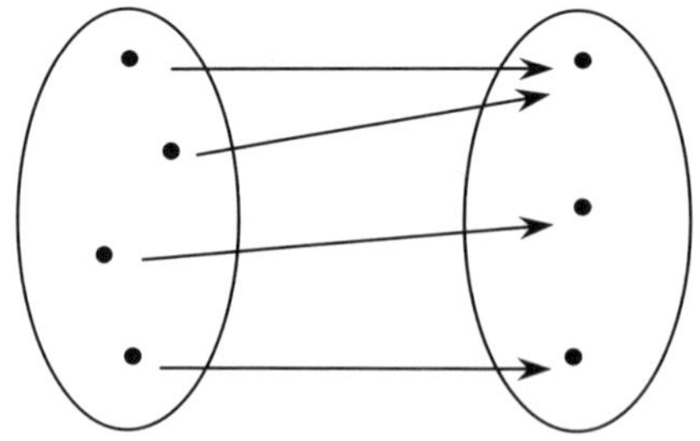

APLICACIÓN BIYECTIVA

Es una aplicación que es, a la vez, inyectiva y sobreyectiva.

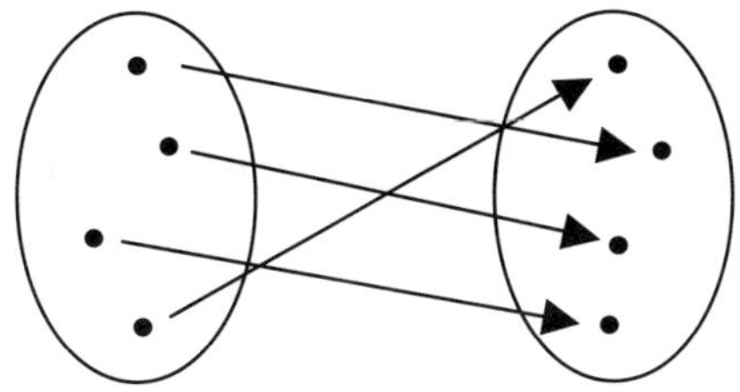

APLICACIONES LINEALES

DEFINICIÓN Se dice que $f: \mathbb{U} \rightarrow \mathbb{V}$ es aplicación lineal entre dos espacios vectoriales si:

1. $f(\vec{\mathbf{u}} + \vec{\mathbf{v}}) = f(\vec{\mathbf{u}}) + f(\vec{\mathbf{v}})$.
2. $f(k \cdot \vec{\mathbf{u}}) = k \cdot f(\vec{\mathbf{u}})$.

O de forma equivalente, $f(a \cdot \vec{\mathbf{u}} + b \cdot \vec{\mathbf{v}}) = a \cdot f(\vec{\mathbf{u}}) + b \cdot f(\vec{\mathbf{v}})$.

Propiedades de las aplicaciones lineales

1. $f\left(\sum_{i=1}^{n} k_i \cdot \vec{\mathbf{v}}_i\right) = \sum_{i=1}^{n} k_i \cdot f(\vec{\mathbf{v}}_i)$.

2. $f(\vec{\mathbf{0}}) = \vec{\mathbf{0}}$.

3. Si $\{\vec{\mathbf{v}}_1, \vec{\mathbf{v}}_2, \ldots, \vec{\mathbf{v}}_n\}$ son l.d., entonces $\{f(\vec{\mathbf{v}}_1), f(\vec{\mathbf{v}}_2), \ldots, f(\vec{\mathbf{v}}_n)\}$ son también l.d.

4. Si S es subespacio de $\mathbb{U}$, entonces $f(S)$ es subespacio de $\mathbb{V}$.

5. $\mathrm{Im}(f) = f(\mathbb{U})$ es subespacio de $\mathbb{V}$.

6. $\mathrm{Ker}(f) = \{\vec{\mathbf{v}} / f(\vec{\mathbf{v}}) = \vec{\mathbf{0}}\}$ es subespacio de $\mathbb{U}$.

7. f es inyectiva $\Leftrightarrow \mathrm{Ker}(f) = \vec{\mathbf{0}}$.

8. Si f es inyectiva y $\{\vec{\mathbf{v}}_1, \vec{\mathbf{v}}_2, \ldots, \vec{\mathbf{v}}_n\}$ son linealmente independientes en $\mathbb{U}$, entonces $\{f(\vec{\mathbf{v}}_1), f(\vec{\mathbf{v}}_2), \ldots, f(\vec{\mathbf{v}}_n)\}$ son también linealmente independientes en $\mathbb{V}$.

9. Si f es sobreyectiva y $\{\vec{\mathbf{v}}_1, \vec{\mathbf{v}}_2, \ldots, \vec{\mathbf{v}}_n\}$ es un sistema generador en $\mathbb{U}$, entonces $\{f(\vec{\mathbf{v}}_1), f(\vec{\mathbf{v}}_2), \ldots, f(\vec{\mathbf{v}}_n)\}$ son también sistema generador en $\mathbb{V}$.

10. Si f es biyectiva y $\{\vec{\mathbf{v}}_1, \vec{\mathbf{v}}_2, \ldots, \vec{\mathbf{v}}_n\}$ son base de $\mathbb{U}$, entonces $\{f(\vec{\mathbf{v}}_1), f(\vec{\mathbf{v}}_2), \ldots, f(\vec{\mathbf{v}}_n)\}$ son base de $\mathbb{V}$.

11. Si $f\colon \mathbb{U} \to \mathbb{V}$ se cumple $\dim(\mathbb{U}) = \dim(\mathrm{Ker}(f)) + \dim(\mathrm{Im}(f))$.

ESTUDIO DE LAS APLICACIONES LINEALES MEDIANTE MATRICES

Supongamos que $f\colon \mathbb{U} \to \mathbb{V}$ con $\dim(\mathbb{U}) = n$ y $\dim(\mathbb{V}) = m$. En general, supondremos que $f\colon \mathbb{R}^n \to \mathbb{R}^m$.

Los vectores se representan por matrices columna.

Cada aplicación lineal lleva asociada una matriz $m \times n$ formada por las columnas que se obtienen como imagen de los vectores de la base canónica por f. Por tanto, $f\colon \mathbb{R}^n \to \mathbb{R}^m$ se representa por $\mathbf{Y}_{m\times 1} = \mathbf{A}_{m\times n} \cdot \mathbf{X}_{n\times 1}$.

Se cumplen las siguientes propiedades:

- $\dim(\mathrm{Im}(f)) = \mathrm{rg}(\mathbf{A})$.
- $n = \dim(\mathrm{Im}(f)) + \dim(\mathrm{Ker}(f))$.

CLASIFICACIÓN DE f SEGÚN EL RANGO DE $\mathbf{A}$

$\dim(\mathrm{Im}(f)) = \mathrm{rg}(\mathbf{A})$ y, por tanto, $\dim(\mathrm{Ker}(f)) = n - \mathrm{rg}(\mathbf{A})$

- Si $\mathrm{rg}(\mathbf{A}) = m \Rightarrow \dim(\mathrm{Im}(f)) = m \Rightarrow f$ es suprayectiva.
- Si $\mathrm{rg}(\mathbf{A}) = n \Rightarrow \dim(\mathrm{Ker}(f)) = n - n = 0 \Rightarrow f$ es inyectiva.
- Si $\mathrm{rg}(\mathbf{A}) = m = n \Rightarrow f$ es biyectiva.

CÁLCULO DEL NÚCLEO DE LA APLICACIÓN

- Si $\mathrm{rg}(\mathbf{A}) = n \Rightarrow \dim(\mathrm{Ker}(f)) = 0 \Rightarrow \mathrm{Ker}(f) = \vec{\mathbf{0}}$.
- Si $\mathrm{rg}(\mathbf{A}) = r < n$, entonces $\mathrm{Ker}(f) = \{\vec{\mathbf{x}} \in \mathbb{U} / \mathbf{AX} = \mathbf{0}\}$ entonces $\mathrm{Ker}(f)$ se obtiene como solución del sistema lineal homogéneo.

CÁLCULO DEL CONJUNTO IMAGEN

- Si $\mathrm{rg}(\mathbf{A}) = m \Rightarrow \dim(\mathrm{Im}(f)) = m \Rightarrow \mathrm{Im}(f) = \mathbb{R}^m$.
- Si $\mathrm{rg}(\mathbf{A}) = r < m$. Entonces una base de $\mathrm{Im}(f)$ son los r vectores (columna) de $\mathbf{A}$ linealmente independientes.

OPERACIONES CON APLICACIONES LINEALES

Sean las aplicaciones lineales $f\colon \mathbb{R}^n \to \mathbb{R}^m$ cuya matriz asociada es $\mathbf{A}$, $g\colon \mathbb{R}^n \to \mathbb{R}^m$ cuya matriz asociada es $\mathbf{B}$ y $h\colon \mathbb{R}^m \to \mathbb{R}^p$ cuya matriz asociada es $\mathbf{C}$.

Suma: $f + g\colon \mathbb{R}^n \to \mathbb{R}^m$ es la aplicación lineal cuya matriz asociada es $\mathbf{A} + \mathbf{B}$.

Producto por un escalar: $k \cdot f\colon \mathbb{R}^n \to \mathbb{R}^m$ es la aplicación lineal cuya matriz asociada es $k \cdot \mathbf{A}$.

Composición de aplicaciones: $h \circ f\colon \mathbb{R}^n \to \mathbb{R}^p$ es la aplicación lineal cuya matriz asociada es $\mathbf{C} \cdot \mathbf{A}$.

Endomorfismo inverso: Si $f\colon \mathbb{R}^n \to \mathbb{R}^n$ y su matriz asociada $\mathbf{A}$ tiene inversa, se define endomorfismo inverso a $f^{-1}\colon \mathbb{R}^n \to \mathbb{R}^n$ y su matriz asociada es $\mathbf{A}^{-1}$.

CAMBIO DE BASE EN UNA APLICACIÓN LINEAL

Supongamos

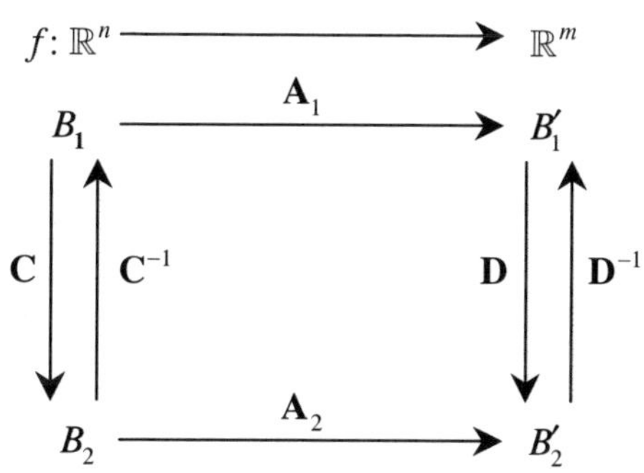

Una aplicación lineal está determinada por una matriz que se obtiene como imagen de los vectores de la base, colocados en columna.

Habitualmente se toma la base canónica, por ello supondremos que B_1 es la base canónica de $\mathbb{R}^n$ y B_1' es la base canónica de $\mathbb{R}^m$, entonces la matriz asociada es $\mathbf{A}_1$.

En otras bases, tales como B_2 y B_2', la matriz sería $\mathbf{A}_2$.

La relación entre las matrices $\mathbf{A}_1$ y $\mathbf{A}_2$ se obtiene componiendo aplicaciones según el gráfico, luego $\mathbf{A}_2 = \mathbf{D} \cdot \mathbf{A}_1 \cdot \mathbf{C}^{-1}$ y $\mathbf{A}_1 = \mathbf{D}^{-1} \cdot \mathbf{A}_2 \cdot \mathbf{C}$.

Ejercicios resueltos

Ejercicio 3.1 **Demuéstrese que si $f\colon \mathbb{U} \to \mathbb{V}$ es aplicación lineal $f(\vec{\mathbf{0}}) = \vec{\mathbf{0}}$.**

SOLUCIÓN

Teniendo en cuenta que $\vec{\mathbf{0}} = 0 \cdot \vec{\mathbf{u}}$ y calculando la imagen para los dos términos de la igualdad, obtenemos que $f(\vec{\mathbf{0}}) = f(0 \cdot \vec{\mathbf{u}}) = 0 \cdot f(\vec{\mathbf{u}}) = \vec{\mathbf{0}}$.

Ejercicio 3.2 **Demuéstrese que $f\colon \mathbb{R}^3 \to \mathbb{R}^3$ dada por $f(x, y, z) = (x, y, 0)$ es aplicación lineal.**

SOLUCIÓN

A continuación veamos que se cumplen las dos condiciones para ser aplicación lineal.

1. $f[(x, y, z) + (x', y', z')] = f(x + x', y + y', z + z') = (x + x', y + y', 0)$ y, por otra parte, $f(x, y, z) + f(x', y', z') = (x, y, 0) + (x', y', 0) = (x + x', y + y', z + z')$ luego la primera condición se cumple.
2. $f[k \cdot (x, y, z)] = f(kx, ky, kz) = (kx, ky, 0)$ y también se cumple que $k \cdot f(x, y, z) = k \cdot (x, y, 0) = (kx, ky, 0)$ luego la segunda condición se cumple.

Ejercicio 3.3 **Demuéstrese que $f\colon \mathbb{R}^2 \to \mathbb{R}^2$ dada por $f(x, y) = (x + 1, y + 2)$ no es aplicación lineal.**

SOLUCIÓN

Podemos demostrarlo de varias formas, por ejemplo, tomando dos vectores cualesquiera y viendo que no se cumple la primera condición.

Si $\vec{\mathbf{u}} = (1, 2)$ y $\vec{\mathbf{v}} = (3, 4)$, entonces $f(\vec{\mathbf{u}} + \vec{\mathbf{v}}) = f(3, 6) = (4, 8)$ mientras que $f(\vec{\mathbf{u}}) + f(\vec{\mathbf{v}}) = f(1, 2) + f(3, 4) = (2, 4) + (4,6) = (6, 10)$; por lo tanto, no se cumple la primera condición para que sea aplicación lineal.

Se puede demostrar también comprobando que no se cumple la condición $f(\vec{\mathbf{0}}) = \vec{\mathbf{0}}$.

Ejercicio 3.4 **Muéstrense cuáles de las siguientes aplicaciones son lineales y cuáles no:**

(a) $f\colon \mathbb{R}^3 \to \mathbb{R}$ **dada por** $f(x, y, z) = 2x - 3y + 4z$.

(b) $f: \mathbb{R}^2 \to \mathbb{R}$ **dada por** $f(x, y) = x \cdot y$ **.**

(c) $f: \mathbb{R}^3 \to \mathbb{R}^2$ **dada por** $f(x, y, z) = (|x|, 0)$ **.**

(d) $f: \mathbb{R}^2 \to \mathbb{R}^3$ **dada por** $f(x, y) = (2x, 2y, x + y)$ **.**

(e) $f: \mathbb{R}^2 \to \mathbb{R}^2$ **dada por** $f(x, y) = (x^2, y^2)$ **.**

SOLUCIÓN

(a) Veamos que se trata de una aplicación lineal ya que cumple las dos condiciones para serlo. La primera

$$\begin{aligned} f\left[(x, y, z) + (x', y', z')\right] &= f(x + x', y + y', z + z') = \\ &= 2(x + x') - 3(y + y') + 4(z + z') = \\ &= 2x + 2x' - 3y - 3y' + 4z + 4z' \end{aligned}$$

Por otra parte

$$f(x, y, z) + f(x', y', z') = 2x - 3y + 4z + 2x' - 3y' + 4z' .$$

siendo el resultado igual que anteriormente.

Veamos ahora que también se cumple la segunda condición.

$$f\left[k \cdot (x, y, z)\right] = f(kx, ky, kz) = 2kx - 3ky + 4kz .$$

Por otra parte

$$k \cdot f(x, y, z) = k(2x - 3y + 4z) = 2kx - 3ky + 4kz .$$

Comprobamos, pues, que ambos términos también son iguales.

(b) Vemos que no es aplicación lineal ya que no se cumple la segunda condición. Si tomamos, por ejemplo, el vector $\vec{\mathbf{u}} = (1, 1)$, tenemos que $f(2\vec{\mathbf{u}}) = f(2, 2) = 4$, mientras que $2 \cdot f(\vec{\mathbf{u}}) = 2 \cdot f(1, 1) = 2 \cdot 1 = 2$.

(c) Vemos que, en este caso, tampoco se cumple la segunda condición para ser aplicación lineal. Tomando, también, el vector $\vec{\mathbf{u}} = (1, 1)$ tenemos que $f(-2\vec{\mathbf{u}}) = f(-2, -2) = (2, 0)$, mientras que $-2 \cdot f(\vec{\mathbf{u}}) = -2 \cdot f(1, 1) = -2 \cdot (1, 0) = (-2, 0)$.

(d) Veamos que es aplicación lineal ya que cumple las dos condiciones para serlo. La primera condición

$$\begin{aligned} f\left[(x, y) + (x', y')\right] &= f(x + x', y + y') = \left[2(x + x'), 2(y + y'), (x + x') + (y + y')\right] = \\ &= (2x + 2x', 2y + 2y', x + x' + y + y') \end{aligned}$$

Por otra parte,

$$\begin{aligned} f(x, y) + f(x', y') &= (2x, 2y, x + y) + (2x', 2y', x' + y') = \\ &= (2x + 2x', 2y + 2y', x + x' + y + y') \end{aligned}$$

siendo ambos resultados iguales.

Veamos ahora que también se cumple la segunda condición:

$$f[k\cdot(x, y, z)] = f(kx, ky, kz) = 2kx - 3ky + 4kz$$

y, por otra parte,

$$k\cdot f(x, y, z) = k(2x - 3y + 4z) = 2kx - 3ky + 4kz\ .$$

Comprobamos que ambos términos son iguales.

(e) En este caso, vemos que no se cumple la segunda condición para ser aplicación lineal. Tomando también el vector $\vec{\mathbf{u}} = (2, 3)$, tenemos que $f(-2\vec{\mathbf{u}}) = f(-4, -6) = (16, 36)$, mientras que $-2\cdot f(\vec{\mathbf{u}}) = -2\cdot f(2, 3) = -2\cdot(4, 9) = (-8, -18)$.

Ejercicio 3.5 **Para las siguientes aplicaciones lineales, halle la dimensión y una base de** $\mathrm{Ker}(f)$ **e** $\mathrm{Im}(f)$ **y clasifique la aplicación.**

(a) $f\colon \mathbb{R}^3 \to \mathbb{R}^3$ **dada por** $f(x, y, z) = (x, y, 0)$.

(b) $f\colon \mathbb{R}^3 \to \mathbb{R}^3$ **dada por** $f(x, y, z) = (x+2y-z, y+z, x+y-2z)$.

(c) $f\colon \mathbb{R}^2 \to \mathbb{R}^3$ **dada por** $f(x, y) = (x+y, x-y, 2x)$.

SOLUCIÓN

(a) Calculamos la matriz asociada a la aplicación lineal, que recordemos que es la formada por las imágenes de los vectores de la base canónica colocados en columna

$$f(1, 0, 0) = (1, 0, 0)$$
$$f(0, 1, 0) = (0, 1, 0)$$
$$f(0, 0, 1) = (0, 0, 0)$$

Por lo tanto, la matriz asociada será $\mathbf{A} = \begin{pmatrix} 1 & 0 & 0 \\ 0 & 1 & 0 \\ 0 & 0 & 0 \end{pmatrix}$.

El rango de esta matriz es 2 y, por tanto, la dimensión de $\mathrm{Im}(f)$ es también 2 y una base está formada por los vectores columna que sean l.i. de **A**, es decir, $\{(1, 0, 0); (0, 1, 0)\}$.

Por otra parte tenemos que $3 = \dim[\mathrm{Ker}(f)) + \dim(\mathrm{Im}(f)]$, entonces $\dim[\mathrm{Ker}(f)] = 1$.

Para calcular una base resolvemos el sistema obtenido por $\mathbf{A}\cdot\mathbf{X} = \mathbf{0}$, es decir,

$$\begin{pmatrix} 1 & 0 & 0 \\ 0 & 1 & 0 \\ 0 & 0 & 0 \end{pmatrix}\cdot\begin{pmatrix} x \\ y \\ z \end{pmatrix} = \begin{pmatrix} 0 \\ 0 \\ 0 \end{pmatrix}$$

que, en este caso, es

$$\begin{cases} x = 0 \\ y = 0\,, \\ 0 = 0 \end{cases}$$

cuyas soluciones son (0, 0, z). Luego una base será $\{(0, 0, 1)\}$, ya que $(0, 0, z) = z \cdot (0, 0, 1)$.

Teniendo en cuenta las dimensiones de $\mathrm{Ker}(f)$ e $\mathrm{Im}(f)$, observamos que esta aplicación no es inyectiva ni sobreyectiva.

(b) Calculamos la matriz asociada a la aplicación lineal, que recordemos que es la formada por las imágenes de los vectores de la base canónica colocados en columna

$$\begin{aligned} f(1, 0, 0) &= (1, 0, 1) \\ f(0, 1, 0) &= (2, 1, 1) \\ f(0, 0, 1) &= (-1, 1, -2) \end{aligned}$$

la matriz asociada será $\mathbf{A} = \begin{pmatrix} 1 & 2 & -1 \\ 0 & 1 & 1 \\ 1 & 1 & -2 \end{pmatrix}$.

El rango de esta matriz es 2, siendo la dimensión de $\mathrm{Im}(f)$ también 2 y una base estará formada por los vectores columna que sean l.i. de **A**, es decir, $\{(1, 0, 1); (2, 1, 1)\}$.

Por otro lado, se tiene que $3 = \dim[\mathrm{Ker}(f)) + \dim(\mathrm{Im}(f)]$, luego $\dim[\mathrm{Ker}(f)] = 1$.

Para calcular una base resolvemos el sistema obtenido por

$$A \cdot X = 0\text{, es decir, } \begin{pmatrix} 1 & 2 & -1 \\ 0 & 1 & 1 \\ 1 & 1 & -2 \end{pmatrix} \cdot \begin{pmatrix} x \\ y \\ z \end{pmatrix} = \begin{pmatrix} 0 \\ 0 \\ 0 \end{pmatrix}$$

que, en este caso, es

$$\begin{cases} x + 2y = 0 \\ y + z = 0\,, \\ x + y - 2z = 0 \end{cases}$$

cuyas soluciones son $(3z, -z, z)$. Luego una base será $\{(3, -1, 1)\}$.

Si observamos las dimensiones de $\mathrm{Ker}(f)$ e $\mathrm{Im}(f)$ se deduce que esta aplicación no es inyectiva ni sobreyectiva.

(c) Calculamos la matriz asociada a la aplicación lineal, que recordemos que es la formada por las imágenes de los vectores de la base canónica colocados en columna

$$\begin{aligned} f(1, 0) &= (1, 1, 2) \\ f(0, 1) &= (1, -1, 0) \end{aligned}$$

la matriz asociada será $\mathbf{A} = \begin{pmatrix} 1 & 1 \\ 1 & -1 \\ 2 & 0 \end{pmatrix}$, cuyo rango es 2 y, por tanto, la dimensión de $\text{Im}(f)$ es también 2 y una base está formada por los vectores columna que sean l.i. de **A**, es decir, $\{(1, 1, 2); (1, -1, 0)\}$.

Como $2 = \dim[\text{Ker}(f)) + \dim(\text{Im}(f)]$, entonces $\dim[\text{Ker}(f)] = 0$.

Una base de $\text{Ker}(f)$ será $\{\vec{\mathbf{0}}\} = \{(0, 0)\}$.

De acuerdo con las dimensiones de $\text{Ker}(f)$ e $\text{Im}(f)$, esta aplicación es inyectiva y no es sobreyectiva.

Ejercicio 3.6 **Dadas las siguientes aplicaciones lineales:**

$$f: \mathbb{R}^3 \to \mathbb{R}^2 \textbf{ dada por } f(x, y, z) = (2x, y + z)$$

$$g: \mathbb{R}^3 \to \mathbb{R}^2 \textbf{ dada por } f(x, y, z) = (x - z, y)$$

$$h: \mathbb{R}^2 \to \mathbb{R}^2 \textbf{ dada por } f(x, y) = (y, x)$$

calcule las expresiones siguientes:

(a) $2f - 5g$.

(b) $h \circ f$.

(c) $h \circ g$.

(d) $h \circ (f + g)$.

SOLUCIÓN

Calculemos, en primer lugar, la matriz asociada a cada una de las aplicaciones lineales. Como

$$f(1, 0, 0) = (2, 0)$$
$$f(0, 1, 0) = (0, 1)$$
$$f(0, 0, 1) = (0, 1)$$

la matriz asociada a la aplicación *f* es $\mathbf{A} = \begin{pmatrix} 2 & 0 & 0 \\ 0 & 1 & 1 \end{pmatrix}$, la matriz asociada a *g* es $\mathbf{B} = \begin{pmatrix} 1 & 0 & -1 \\ 0 & 1 & 0 \end{pmatrix}$ y la matriz asociada a *h* es $\mathbf{C} = \begin{pmatrix} 0 & 1 \\ 1 & 0 \end{pmatrix}$.

(a) La aplicación lineal $2f - 5g$ tiene como matriz asociada

$$2\mathbf{A} - 5\mathbf{B} = \begin{pmatrix} -1 & 0 & 5 \\ 0 & -3 & 2 \end{pmatrix}.$$

La expresión de esta aplicación podemos calcularla como la imagen de un vector genérico $\vec{\mathbf{u}} = (x, y)$, luego

$$(2f - 5g)\,(x, y) = (-x, -3y, 5x + 2y)\,.$$

(b) La aplicación lineal $h \circ f$ tiene como matriz asociada

$$\mathbf{C} \cdot \mathbf{A} = \begin{pmatrix} 0 & 1 \\ 1 & 0 \end{pmatrix} \cdot \begin{pmatrix} 2 & 0 & 0 \\ 0 & 1 & 1 \end{pmatrix} = \begin{pmatrix} 0 & 1 & 1 \\ 2 & 0 & 0 \end{pmatrix}.$$

La expresión de esta aplicación podemos calcularla como la imagen de un vector genérico $\vec{\mathbf{u}} = (x, y)$, luego

$$h \circ f(x, y) = (2y, x, y)\,.$$

(c) La aplicación lineal $h \circ g$ tiene como matriz asociada

$$\mathbf{C} \cdot \mathbf{B} = \begin{pmatrix} 0 & 1 \\ 1 & 0 \end{pmatrix} \cdot \begin{pmatrix} 1 & 0 & -1 \\ 0 & 1 & 0 \end{pmatrix} = \begin{pmatrix} 0 & 1 & 0 \\ 1 & 0 & -1 \end{pmatrix}.$$

La expresión de esta aplicación podemos calcularla como la imagen de un vector genérico $\vec{\mathbf{u}} = (x, y)$, luego

$$h \circ g\,(x, y) = (y, x, -y)\,.$$

(d) La aplicación lineal $h \circ (f + g)$ tiene como matriz asociada

$$\mathbf{C} \cdot (\mathbf{A} + \mathbf{B}) = \begin{pmatrix} 0 & 2 & 1 \\ 3 & 0 & -1 \end{pmatrix}.$$

La expresión de esta aplicación podemos calcularla como la imagen de un vector genérico $\vec{\mathbf{u}} = (x, y)$, luego

$$h \circ (f + g)\,(x, y) = (3y, 2x, x - y)\,.$$

Ejercicio 3.7 **Sea la aplicación lineal $f\colon \mathbb{R}^2 \to \mathbb{R}^2$ dada por $f(x, y) = (x - y, x - 2y)$. Calcúlese $f^{-1}(x, y)$.**

SOLUCIÓN

Calculamos la matriz asociada a *f*, que es la que tiene por columnas las imágenes de los vectores de la base canónica:

$$f(1, 0) = (1, 1)$$
$$f(0, 1) = (-1, -2)$$

Por lo tanto, la matriz asociada a f es $\mathbf{A} = \begin{pmatrix} 1 & -1 \\ 1 & -2 \end{pmatrix}$, de lo que se deduce que la matriz asociada a f^{-1} es $\mathbf{A}^{-1} = \begin{pmatrix} 2 & -1 \\ 1 & -1 \end{pmatrix}$. La expresión de esta aplicación podemos calcularla como la imagen de un vector genérico $\vec{\mathbf{u}} = (x, y)$, luego

$$f^{-1}(x, y) = (2x - y, x - y).$$

Ejercicio 3.8 **Sea la aplicación lineal $f: \mathbb{R}^3 \to \mathbb{R}^3$ dada por**

$$f(x, y, z) = (x + 3y + 2z, x - 4z, y + 3z).$$

Hállese la matriz asociada en la base $B = \{(1, 1, 1); (1, 1, 0); (1, 0, 0)\}$.

SOLUCIÓN

Llamamos $\mathbf{A}_1$ a la matriz asociada a f en la base canónica, $\mathbf{A}_2$ a la matriz asociada a f en la nueva base, B_1 a la base canónica y B_2 a la nueva base.

Según el gráfico que aparece en la página 73 del apartado de cambio de base de una aplicación lineal, resulta que $\mathbf{A}_2 = \mathbf{C} \cdot \mathbf{A}_1 \cdot \mathbf{C}^{-1}$ y $\mathbf{C} = \mathbf{B}_2^{-1} \cdot \mathbf{B}_1$.

Sustituyendo en cada matriz sus valores correspondientes se obtiene que

$$B_1 = \begin{pmatrix} 1 & 0 & 0 \\ 0 & 1 & 0 \\ 0 & 0 & 1 \end{pmatrix}; \ B_2 = \begin{pmatrix} 1 & 1 & 1 \\ 1 & 1 & 0 \\ 1 & 0 & 0 \end{pmatrix}$$

y calculando su inversa

$$B_2^{-1} = \begin{pmatrix} 0 & 0 & 1 \\ 0 & 1 & -1 \\ 1 & -1 & 0 \end{pmatrix},$$

por lo tanto,

$$\mathbf{C} = B_2^{-1} \cdot B_1 = \begin{pmatrix} 0 & 0 & 1 \\ 0 & 1 & -1 \\ 1 & -1 & 0 \end{pmatrix} \text{ y } \mathbf{A}_2 = \mathbf{C} \cdot \mathbf{A}_1 \cdot \mathbf{C}^{-1} = \begin{pmatrix} 4 & 1 & 0 \\ -7 & 0 & 1 \\ 9 & 3 & 0 \end{pmatrix}.$$

Ejercicio 3.9 **Dada la aplicación lineal $f: \mathbb{R}^2 \to \mathbb{R}^2$, cuya matriz asociada es $\mathbf{A} = \begin{pmatrix} 4 & 5 \\ 2 & -1 \end{pmatrix}$, hállese la matriz asociada en la base $B = \{(1, 4); (2, 9)\}$.**

SOLUCIÓN

Como en el ejercicio 3.8, llamamos $\mathbf{A}_1$ a la matriz asociada a f en la base canónica, $\mathbf{A}_2$ a la matriz asociada a f en la nueva base, $\mathbf{B}_1$ a la base canónica y $\mathbf{B}_2$ a la nueva base.

De acuerdo con el gráfico de la página 73, sabemos que $\mathbf{A}_2 = \mathbf{C}\cdot\mathbf{A}_1\cdot\mathbf{C}^{-1}$ y $\mathbf{C} = \mathbf{B}_2^{-1}\cdot\mathbf{B}_1$, que sustituidos por sus valores $\mathbf{B}_1 = \begin{pmatrix} 1 & 0 \\ 0 & 1 \end{pmatrix}$; $\mathbf{B}_2 = \begin{pmatrix} 1 & 2 \\ 4 & 9 \end{pmatrix}$ y calculando su inversa $\mathbf{B}_2^{-1} = \begin{pmatrix} 9 & -2 \\ -4 & 1 \end{pmatrix}$, dan como resultado

$$\mathbf{C} = \mathbf{B}_2^{-1}\cdot\mathbf{B}_1 = \begin{pmatrix} 9 & -2 \\ -4 & 1 \end{pmatrix} \text{ y } \mathbf{A}_2 = \mathbf{C}\cdot\mathbf{A}_1\cdot\mathbf{C}^{-1} = \begin{pmatrix} 220 & 487 \\ -98 & -217 \end{pmatrix}.$$

Ejercicio 3.10 **Sea la aplicación lineal $f\colon \mathbb{R}^3 \to \mathbb{R}^2$ dada por**

$$f(x, y, z) = (3x + 2y - 4z, x - 5y + 3z).$$

Hállese la matriz asociada en las bases $B = \{(1, 1, 1); (1, 1, 0); (1, 0, 0)\}$ y $B' = \{(1, 3); (2, 5)\}$.

SOLUCIÓN

Análogamente a los ejercicios precedentes, llamamos $\mathbf{A}_1$ a la matriz asociada a f en la base canónica, $\mathbf{A}_2$ a la matriz asociada a f en la nueva base, $\mathbf{B}_1$ y $\mathbf{B}_1'$ a las bases canónicas de $\mathbb{R}^3$ y $\mathbb{R}^2$ respectivamente, $\mathbf{B}_2$ a la nueva base de $\mathbb{R}^3$ y $\mathbf{B}_2'$ la nueva base de $\mathbb{R}^2$.

Según el mencionado gráfico de la página 73, resulta que $\mathbf{A}_2 = \mathbf{C}\cdot\mathbf{A}_1\cdot\mathbf{D}^{-1}$, $\mathbf{C} = \mathbf{B}_2^{-1}\cdot\mathbf{B}_1$ y $\mathbf{D} = (\mathbf{B}_2')^{-1}\cdot\mathbf{B}_1'$.

Sustituyendo en cada matriz sus valores se obtiene:

$$\mathbf{B}_1 = \begin{pmatrix} 1 & 0 & 0 \\ 0 & 1 & 0 \\ 0 & 0 & 1 \end{pmatrix}; \mathbf{B}_2 = \begin{pmatrix} 1 & 1 & 1 \\ 1 & 1 & 0 \\ 1 & 0 & 0 \end{pmatrix} \text{ y calculando su inversa } \mathbf{B}_2^{-1} = \begin{pmatrix} 0 & 0 & 1 \\ 0 & 1 & -1 \\ 1 & -1 & 0 \end{pmatrix},$$

por lo tanto,

$$\mathbf{C} = \mathbf{B}_2^{-1}\cdot\mathbf{B}_1 = \begin{pmatrix} 0 & 0 & 1 \\ 0 & 1 & -1 \\ 1 & -1 & 0 \end{pmatrix} \text{ y } C^{-1} = \begin{pmatrix} 1 & 1 & 1 \\ 1 & 1 & 0 \\ 1 & 0 & 0 \end{pmatrix}.$$

Como la matriz $\mathbf{A}_1 = \begin{pmatrix} 3 & 2 & -4 \\ 1 & -5 & 3 \end{pmatrix}$

$$\mathbf{B}_1' = \begin{pmatrix} 1 & 0 \\ 0 & 1 \end{pmatrix}; \mathbf{B}_2' = \begin{pmatrix} 1 & 2 \\ 3 & 5 \end{pmatrix} \text{ y calculando su inversa } \mathbf{B}_2^{-1} = \begin{pmatrix} -5 & 2 \\ 3 & -1 \end{pmatrix},$$

por lo tanto

$$\mathbf{D} = \mathbf{B}_2'^{-1} \cdot \mathbf{B}_1' = \begin{pmatrix} -5 & 2 \\ 3 & -1 \end{pmatrix}.$$

Luego

$$\mathbf{A}_2 = \mathbf{D} \cdot \mathbf{A}_1 \cdot \mathbf{C}^{-1} = \begin{pmatrix} -7 & -33 & -13 \\ 4 & 19 & 8 \end{pmatrix}.$$

Ejercicio 3.11 **¿Cuáles de las siguientes $f\colon \mathbb{R}^2 \to \mathbb{R}^2$ son aplicaciones lineales?**

(a) $f(x, y) = (1 + x, y)$.

(b) $f(x, y) = (y, x)$.

(c) $f(x, y) = (\operatorname{sen}(x), y)$.

(d) $f(x, y) = (x^2, y)$.

SOLUCIÓN

(a) No es aplicación lineal ya que $f(\vec{\mathbf{0}}) \neq \vec{\mathbf{0}}$.

(b) Es aplicación lineal.

(c) No es aplicación lineal ya que

$$f\left(\frac{\pi}{2}, 0\right) = (1, 0)$$
$$f\left[2\left(\frac{\pi}{2}, 0\right)\right] = f(\pi, 0) = (0, 0) \neq 2f\left(\frac{\pi}{2}, 0\right).$$

(d) No es aplicación lineal ya que

$$f(1, 1) = (1, 1)$$
$$f[3(1, 1)] = f(3, 3) = (9, 3) = 3f(1, 1).$$

Ejercicio 3.12 **Si $\vec{\mathbf{v}}_1 = (1, -1)$, $\vec{\mathbf{v}}_2 = (2, -1)$, $\vec{\mathbf{v}}_3 = (-3, 2)$, $\vec{\mathbf{w}}_1 = (1, 0)$, $\vec{\mathbf{w}}_2 = (0, -1)$ y $\vec{\mathbf{w}}_3 = (1, 1)$. ¿Existe una aplicación lineal $f\colon \mathbb{R}^2 \to \mathbb{R}^2$ tal que $f(\vec{\mathbf{v}}_i) = \vec{\mathbf{w}}_i$, $i = 1, 2, 3$?**

SOLUCIÓN

No existe dicha aplicación lineal, ya que si existiera, puesto que $\vec{\mathbf{v}}_3 = -\vec{\mathbf{v}}_1 - \vec{\mathbf{v}}_2$, se debería cumplir que $f(\vec{\mathbf{v}}_3) = f(-\vec{\mathbf{v}}_1 - \vec{\mathbf{v}}_2) = -f(\vec{\mathbf{v}}_1) - f(\vec{\mathbf{v}}_2) = -\vec{\mathbf{w}}_1 - \vec{\mathbf{w}}_2 = (-1, 1) \neq \vec{\mathbf{w}}_3$.

Ejercicio 3.13 **Describa explícitamente la aplicación lineal** $f: \mathbb{R}^2 \to \mathbb{R}^2$ **tal que** $f(1,0)=(a,b)$ **y** $f(0,1)=(c,d)$**.**

SOLUCIÓN

La matriz que define la aplicación lineal está formada por las imágenes de los vectores de la base canónica en columna, luego la matriz es $\mathbf{A}=\begin{pmatrix} a & c \\ b & d \end{pmatrix}$ y, por tanto, la aplicación es

$$f\begin{pmatrix} x \\ y \end{pmatrix}=\begin{pmatrix} a & c \\ b & d \end{pmatrix}\begin{pmatrix} x \\ y \end{pmatrix}=\begin{pmatrix} ax+cy \\ bx+dy \end{pmatrix}.$$

Ejercicio 3.14 **Sea la aplicación lineal** $f: \mathbb{R}^4 \to \mathbb{R}^3$ **dada por**

$$f(x,y,z,w)=(x+3y+2z+w,\ y+w,\ 2x+4y+2z-4w).$$

(a) Encuéntrese el conjunto de preimágenes de (7, 1, 8).

(b) Encuéntrense las preimágenes de (7, 1, 8) **en que la suma de componentes es –1 y** $w=-1$**.**

SOLUCIÓN

(a) El conjunto de las preimágenes es

$$\{(x,y,z,w)\in \mathbb{R}^4 / f(x,y,z,w)=(7,1,8)\}.$$

Para calcularlo resolvemos el sistema

$$\begin{cases} x+3y+2z=7 \\ y+w=1 \\ x+4y+2z-4w=8 \end{cases}$$

cuyas soluciones son $y=1$; $z=2-\dfrac{x}{2}$ y $w=0$.

(b) En este caso, debemos resolver el sistema

$$\begin{cases} x+3y+2z=7 \\ y+w=1 \\ x+4y+2z-4w=8 \\ x+y+z+w=1 \\ w=-1 \end{cases}$$

que no tiene solución.

Ejercicio 3.15 **Sea** $U = \{(x, y, z) \in \mathbb{R}^3 / x + 2y + 3z = 0\}$ **y** $W = \{(x, y, z) \in \mathbb{R}^3 / 2x - y + z = 0\}$**.** **Encuentre** $f: \mathbb{R}^3 \to \mathbb{R}^3$ **aplicación lineal no inyectiva tal que** $f(U) = W$ **.**

SOLUCIÓN

Se trata de encontrar una aplicación lineal $f: \mathbb{R}^3 \to \mathbb{R}^3$ tal que $f(U) = W$. Esta condición es fácil de conseguir teniendo en cuenta que $\dim(U) = \dim(W) = 2$, puesto que si las imágenes de los elementos de una base de U son los elementos de una base de W entonces $f(U) = W$.

Buscamos una base para cada uno de los subespacios siguiendo el procedimiento habitual

$$U = \{ (x, y, z) \in \mathbb{R}^3 / \; x + 2y + 3z = 0 \}$$

luego $x = -2y - 3z$ y, por tanto,

$$(x, y, z) = (-2y - 3z, y, z) = y(-2, 1, 0) + z(-3, 0, 1)$$

luego una base de U es $\{ (-2, 1, 0); (-3, 0, 1) \}$.

Análogamente

$$W = \{ (x, y, z) \in \mathbb{R}^3 / \; 2x - y + z = 0 \}$$

luego $y = 2x + z$ y, por tanto

$$(x, y, z) = (x, 2x + z, z) = x(1, 2, 0) + z(0, 1, 1)$$

luego una base de W es $\{ (1, 2, 0); (0, 1, 1) \}$.

Para determinar la aplicación lineal $f: \mathbb{R}^3 \to \mathbb{R}^3$ debemos conocer las imágenes de los vectores de la base canónica. Planteando el siguiente cambio de base

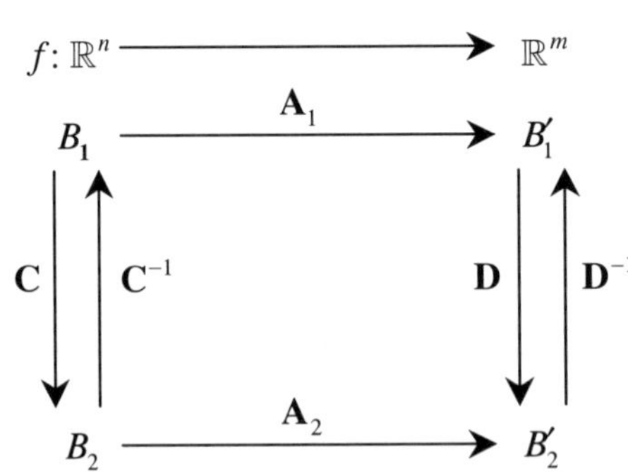

donde $n = m = 3$, B_1 y B'_1 son la base canónica de $\mathbb{R}^3$ y B_2 y B'_2 son las nuevas bases formadas por las bases de U y W a las que hemos añadido otro vector linealmente independiente para que sean bases de $\mathbb{R}^3$.

Así se obtienen las matrices

$$\mathbf{B}_2 = \begin{pmatrix} -2 & -3 & 1 \\ 1 & 0 & 0 \\ 0 & 1 & 0 \end{pmatrix} \quad \text{y} \quad \mathbf{B}'_2 = \begin{pmatrix} 1 & 0 & 1 \\ 2 & 1 & 0 \\ 0 & 1 & 0 \end{pmatrix}$$

Tomando como matriz $\mathbf{A}_2 = \begin{pmatrix} 1 & 0 & 0 \\ 0 & 1 & 0 \\ 0 & 0 & 0 \end{pmatrix}$ la aplicación lineal asocia a los elementos de la base de U los elementos de la base de W y al otro elemento, que es el primero de la base canónica, el vector nulo. De esta forma el núcleo de la aplicación es distinto del conjunto vacío y, por lo tanto, la aplicación no es inyectiva.

Calculando las matrices $\mathbf{C} = \mathbf{B}_2^{-1} = \begin{pmatrix} 0 & 1 & 0 \\ 0 & 0 & 1 \\ 1 & 2 & 3 \end{pmatrix}$ y $\mathbf{D}^{-1} = \mathbf{B}'_2 = \begin{pmatrix} 1 & 0 & 1 \\ 2 & 1 & 0 \\ 0 & 1 & 0 \end{pmatrix}$ se obtiene que la matriz

$$\mathbf{A}_1 = \mathbf{D}^{-1}\mathbf{A}_2\mathbf{C} = \begin{pmatrix} 1 & 0 & 1 \\ 2 & 1 & 0 \\ 0 & 1 & 0 \end{pmatrix} \cdot \begin{pmatrix} 1 & 0 & 0 \\ 0 & 1 & 0 \\ 0 & 0 & 0 \end{pmatrix} \cdot \begin{pmatrix} 0 & 1 & 0 \\ 0 & 0 & 1 \\ 1 & 2 & 3 \end{pmatrix} = \begin{pmatrix} 0 & 1 & 0 \\ 0 & 2 & 1 \\ 0 & 0 & 1 \end{pmatrix}.$$

Por tanto, $f(x,y,z) = (y, 2y+z, z)$.

Ejercicio 3.16 **Sea** $W = \{(x, y, z) \in \mathbb{R}^3 / x = -y\}$. **Defina una aplicación lineal inyectiva** $f\colon W \to \mathbb{R}^2$ **y calcule** $\mathrm{Ker}(f)$ **e** $\mathrm{Im}(f)$.

SOLUCIÓN

Calculamos una base de W.

Si $(x, y, z) \in W \Rightarrow (-y, y, z) = y(-1, 1, 0) + z(0, 0, 1)$ luego una base de W es la siguiente $B = \{(-1, 1, 0); (0, 0, 1)\}$ y entonces $\dim(W) = 2$.

Una aplicación lineal se puede definir dando las imágenes de una base, entonces llamamos f a la aplicación que definimos de la siguiente forma dando las imágenes de una base de W $f\colon W \to \mathbb{R}^2$

$$f(-1, 1, 0) = (1, 0)$$
$$f(0, 0, 1) = (0, 1)$$

La matriz que define esta aplicación en la base B es la matriz $\begin{pmatrix} 1 & 0 \\ 0 & 1 \end{pmatrix}$ cuyo rango es 2 y por lo tanto $\dim(\mathrm{Im}\, f) = 2$ y la aplicación es sobreyectiva.

De la igualdad $\dim(W) = \dim(\text{Ker } f) + \dim(\text{Im } f)$ deducimos que $\dim(\text{Ker } f) = 0$ y por lo tanto la aplicación es inyectiva.

Entonces la aplicación es inyectiva y sobreyectiva luego es biyectiva y por lo tanto:

$$\text{Ker } f = \vec{\mathbf{0}} \text{ e } \text{Im } f = \mathbb{R}^2 .$$

Ejercicio 3.17

Sea $f: \mathbb{R}^3 \to \mathbb{R}^3$, tal que la matriz que la define en las bases B_1 y B_2 es $\begin{pmatrix} 1 & 2 & 0 \\ 1 & 1 & 1 \\ 1 & -1 & 1 \end{pmatrix}$ donde $B_1 = \{(1,1,2); (0,1,1); (-1,0,0)\}$ y $B_2 = \{(1,1,1); (0,1,1); (0,0,1)\}$. Calcúlese la matriz que define dicha aplicación en las bases B_3 y B_4, donde $B_3 = \{(0,1,2); (1,1,1); (0,1,0)\}$ y $B_4 = \{(1,1,1); (1,-1,1); (0,0,1)\}$.

SOLUCIÓN

Llamaremos

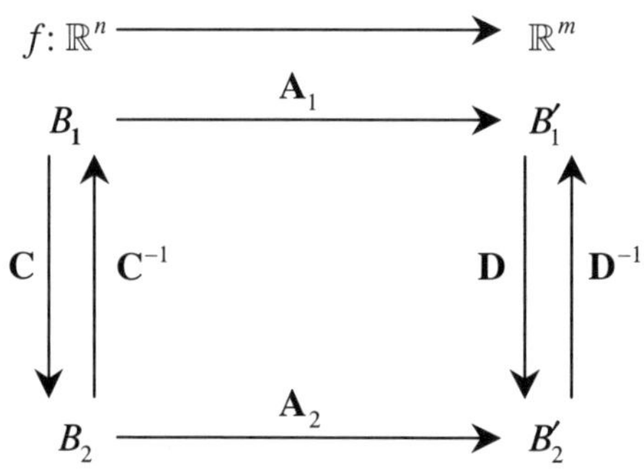

Entonces $\mathbf{A}_2 = \mathbf{D} \cdot \mathbf{A}_1 \cdot \mathbf{C}^{-1}$.

Para calcular **D** tenemos en cuenta que es la matriz de cambio de base de $\mathbf{B}_1'$ a B_2' y por tanto está formada por las coordenadas, en columna, de los vectores que forman B_1' puestos como combinación lineal de los vectores de B_2', es decir

$(1,1,1) = a(1,1,1) + b(1,-1,1) + c(0,0,1)$, resolviendo el sistema se obtienen los valores $a = 1$, $b = 0$, $c = 0$.

$(0,1,1) = a(1,1,1) + b(1,-1,1) + c(0,0,1)$, resolviendo el sistema se obtienen los valores $a = \frac{1}{2}$, $b = -\frac{1}{2}$, $c = 1$.

$(0,0,1) = a(1,1,1) + b(1,-1,1) + c(0,0,1)$, resolviendo el sistema se obtienen los valores $a = 0$, $b = 0$, $c = 1$.

Luego la matriz $\mathbf{D}=\begin{pmatrix}1 & \frac{1}{2} & 0\\ 0 & -\frac{1}{2} & 0\\ 0 & 1 & 1\end{pmatrix}$.

Otra forma de calcular la matriz **D** es mediante calculo matricial $\mathbf{D}=(B_2')^{-1}B_1'$.

Para calcular $\mathbf{C}^{-1}$ tenemos en cuenta que es la matriz de cambio de base de B_2 a B_1 y por tanto está formada por las coordenadas, en columna, de los vectores que forman B_2 puestos como combinación lineal de los vectores de B_1, es decir

$(0,1,2)=a(1,1,2)+b(0,1,1)+c(-1,0,1)$, resolviendo el sistema se obtienen los valores $a=1$, $b=0$, $c=0$.

$(1,1,1)=a(1,1,2)+b(0,1,1)+c(-1,0,1)$, resolviendo el sistema se obtienen los valores $a=0$, $b=1$, $c=-1$.

$(0,1,0)=a(1,1,2)+b(0,1,1)+c(-1,0,1)$, resolviendo el sistema se obtienen los valores $a=-1$, $b=2$, $c=-1$.

Luego la matriz $\mathbf{C}^{-1}=\begin{pmatrix}1 & 0 & -1\\ 0 & 1 & 2\\ 0 & -1 & -1\end{pmatrix}$.

Otra forma de calcular la matriz $\mathbf{C}^{-1}$ es mediante calculo matricial $\mathbf{C}^{-1}=(B_1)^{-1}B_2$.

Luego $\mathbf{A}_2=\begin{pmatrix}1 & \frac{1}{2} & 0\\ 0 & -\frac{1}{2} & 0\\ 0 & 1 & 1\end{pmatrix}\begin{pmatrix}1 & 2 & 0\\ 1 & 1 & 1\\ 1 & -1 & 1\end{pmatrix}\begin{pmatrix}1 & 0 & -1\\ 0 & 1 & 2\\ 0 & -1 & -1\end{pmatrix}=\begin{pmatrix}\frac{3}{2} & 2 & 3\\ -\frac{1}{2} & 0 & 0\\ 2 & -2 & -4\end{pmatrix}$.

Ejercicios propuestos

P3.1 Muéstrense cuáles de las siguientes aplicaciones son lineales y cuáles no:

(a) $f: \mathbb{R}^2 \to \mathbb{R}^2$ dada por $f(x, y) = (2x - y, x)$.

(b) $f: \mathbb{R}^2 \to \mathbb{R}^2$ dada por $f(x, y) = (x^2, y^2)$.

(c) $f: \mathbb{R}^2 \to \mathbb{R}^2$ dada por $f(x, y) = (ax + by, cx + dy)$.

(d) $f: \mathbb{R}^3 \to \mathbb{R}^2$ dada por $f(x, y, z) = (z, x + y)$.

(e) $f: \mathbb{R}^3 \to \mathbb{R}^2$ dada por $f(x, y, z) = (x + 1, y + z)$.

(f) $f: \mathbb{R} \to \mathbb{R}^2$ dada por $f(x) = (2x, 3x)$.

(g) $f: \mathbb{R} \to \mathbb{R}^2$ dada por $f(x) = (x, 1)$.

(h) $f: \mathbb{R}^2 \to \mathbb{R}$ dada por $f(x, y) = |x - y|$.

P3.2 Para cada una de las siguientes aplicaciones lineales, hállese la dimensión y una base de $\operatorname{Ker}(f)$ e $\operatorname{Im}(f)$ y clasifique la aplicación f:

(a) $f: \mathbb{R}^3 \to \mathbb{R}^3$ dada por $f(x, y, z) = (x + 2y, y - x, x + 2z)$.

(b) $f: \mathbb{R}^2 \to \mathbb{R}^2$ dada por $f(x, y) = (x + y, x + y)$.

(c) $f: \mathbb{R}^3 \to \mathbb{R}^2$ dada por $f(x, y, z) = (x + y, x + z)$.

P3.3 Sea $U = \{(x, y, z) \in \mathbb{R}^3 / x + y + z = 0\}$ y $W = \{(x, y, z) \in \mathbb{R}^3 / x - y + 2z = 0\}$. Encuentre $f: \mathbb{R}^3 \to \mathbb{R}^3$ aplicación lineal no inyectiva tal que $f(U) = W$.

P3.4 Cada una de las siguientes matrices determina una aplicación lineal de $\mathbb{R}^4$ en $\mathbb{R}^3$. Hállese la dimensión y una base de $\operatorname{Ker}(f)$ e $\operatorname{Im}(f)$ y clasifique f:

(a) $\begin{pmatrix} 1 & 2 & 0 & 1 \\ 2 & -1 & 2 & -1 \\ 1 & -3 & 2 & -2 \end{pmatrix}$.

(b) $\begin{pmatrix} 1 & 0 & 2 & -1 \\ 2 & 3 & -1 & 1 \\ -2 & 0 & -5 & 3 \end{pmatrix}$.

P3.5 Sean las aplicaciones lineales:

$$f\colon \mathbb{R}^3 \to \mathbb{R}^2 \text{ dada por } f(x, y, z) = (y, x+z)\,.$$
$$g\colon \mathbb{R}^3 \to \mathbb{R}^2 \text{ dada por } g(x, y, z) = (2x, x-y)\,.$$
$$h\colon \mathbb{R}^2 \to \mathbb{R}^2 \text{ dada por } h(x, y) = (y, 2x)\,.$$

Hállense explícitamente (utilizando matrices) las expresiones que definen las aplicaciones lineales:

(a) $f+g$.

(b) $3f-2g$.

(c) $h \circ f$.

(d) $h \circ g$.

(e) $f \circ h$.

(f) $g \circ h$.

(g) $h \circ (f+g)$.

(h) $h \circ f + h \circ g$.

(i) $h \circ h$.

P3.6 Sea $f\colon \mathbb{R}^3 \to \mathbb{R}^3$ definida por $f(x, y, z) = (2y+z, x-4y, 3x)$. Hállese la matriz que define a f en la base $\{(1, 1, 1); (1, 1, 0); (1, 0, 0)\}$.

P3.7 Sean las bases de $\mathbb{R}^2$ $B_1 = \{(1, 0); (0, 1)\}$ y $B_2 = \{(1, 3); (2, 5)\}$. Hállense las matrices de cambio de base de una base a otra. Sea $f(x, y) = (2x, 3x-y)$. Calcúlese la matriz que define la aplicación lineal para B_2.

P3.8 Sea $f\colon \mathbb{R}^3 \to \mathbb{R}^2$ definida por $f(x, y, z) = (x-2y+z, x-y+3z)$. Hállese la matriz de f para las siguientes bases $B = \{(1, 1, 1); (0, 1, 1); (0, 0, 1)\}$ y $B' = \{(1, 3); (1, 2)\}$.

P3.9 Sean las aplicaciones lineales de $\mathbb{R}^2$ en $\mathbb{R}^2$ definidas para la base canónica por $f(x, y) = (2x-3y, x+y)$ y $g(x, y) = (5x+y, 3x-2y)$. Hállense las matrices asociadas a estas aplicaciones en las bases $B_1 = \{(1, 2); (2, 3)\}$ y $B_2 = \{(1, 3); (1, 4)\}$.

P3.10 Sea $f\colon \mathbb{R}^3 \to \mathbb{R}^2$ definida por $f(x, y, z) = (2x+y-z, 3x-2y+4z)$. Hállese la matriz de f para las siguientes bases $B = \{(1, 1, 1); (1, 1, 0); (1, 0, 0)\}$ y $B' = \{(1, 3); (1, 4)\}$.

P3.11 Sea $f: \mathbb{R}^4 \to \mathbb{R}^4$ una aplicación lineal cuya matriz asociada a la base $\{\vec{\mathbf{e}}_1, \vec{\mathbf{e}}_2, \vec{\mathbf{e}}_3, \vec{\mathbf{e}}_4\}$ es $\mathbf{A} = \begin{pmatrix} 1 & 2 & 3 & 2 \\ -1 & 0 & 3 & 1 \\ 2 & 1 & 5 & -1 \\ 1 & 1 & 2 & 2 \end{pmatrix}$. Hállense las matrices asociadas a las siguientes bases:

(a) $\{\vec{\mathbf{e}}_1, \vec{\mathbf{e}}_3, \vec{\mathbf{e}}_2, \vec{\mathbf{e}}_4\}$.

(b) $\{\vec{\mathbf{e}}_1, \vec{\mathbf{e}}_1 + \vec{\mathbf{e}}_2, \vec{\mathbf{e}}_1 + \vec{\mathbf{e}}_2 + \vec{\mathbf{e}}_3, \vec{\mathbf{e}}_1 + \vec{\mathbf{e}}_2 + \vec{\mathbf{e}}_3 + \vec{\mathbf{e}}_4\}$.

P3.12 Hállense las matrices asociadas a las siguientes aplicaciones lineales en las bases canónicas:

(a) $(1, 1) \to (0, 1)$ y $(-1, 1) \to (3, 2)$.

(b) $(1, 0) \to (4, 0)$ y $(0, 1) \to (-1, 2)$.

(c) $(2, 3) \to (1, 0)$ y $(3, 2) \to (-1, 1)$.

(d) $(1, 0, 0) \to (1, 2, 1)$, $(0, 1, 0) \to (3, 1, 1)$ y $(0, 0, 1) \to (0, 0, 3)$.

P3.13 ¿Existe una aplicación lineal $f: \mathbb{R}^3 \to \mathbb{R}^2$ tal que $f(1, -1, 1) = (1, 0)$ y $f(1, 1, 1) = (0, 1)$?

P3.14 Sea una aplicación lineal $f: \mathbb{R}^3 \to \mathbb{R}^3$ tal que $f(1, 1, 1) = (1, 0, 2)$, $f(1, 0, 1) = (0, 1, 1)$ y $f(0, 1, 1) = (1, 0, 1)$. Calcúlese $f(x, y, z)$.

P3.15 Sean las aplicaciones lineales $f: \mathbb{R}^2 \to \mathbb{R}^2$ y $g: \mathbb{R}^2 \to \mathbb{R}^2$ tales que $f(x, y) = (y, x)$ y $g(x, y) = (x, 0)$. Hállese explícitamente $f + g$, fg, f^2 y g^2.

P3.16 Sea la aplicación lineal $f: \mathbb{R}^4 \to \mathbb{R}^3$ definida por $f(1, 1, 1, 1) = (7, 2, 3)$; $f(1, 1, 1, 0) = (6, 1, 7)$; $f(1, 1, 0, 0) = (4, 1, 5)$ y $f(1, 0, 0, 0) = (1, 0, 1)$. Hállese $f(x, y, z, w)$.

P3.17 Sea la aplicación lineal $f: \mathbb{R}^4 \to \mathbb{R}^3$ definida por $f(x, y, z, w) = (x + y, x - w, x + w)$:

(a) Encuéntrese el núcleo y la imagen de esta aplicación.

(b) ¿Es inyectiva? ¿Es sobreyectiva?

P3.18 Sea la aplicación lineal $f: \mathbb{R}^2 \to \mathbb{R}$ definida por $f(x, y) = x - y$:

(a) Encuéntrese el núcleo y la imagen de esta aplicación.

(b) Calculense las preimagenes de 1, −1 y 0.

P3.19 Sea la aplicación lineal

$$f(\vec{\mathbf{x}}) = \begin{pmatrix} 3 & -1 & 1 & 2 \\ 0 & 1 & -2 & 1 \\ -3 & 0 & 1 & -3 \end{pmatrix} \begin{pmatrix} x \\ y \\ z \\ w \end{pmatrix}$$

(a) Encuéntrese la dimensión y base del núcleo y la imagen de esta aplicación.

(b) Hállense las preimágenes de (–1, 2, –1).

P3.20 Sea la aplicación lineal $f\colon \mathbb{R}^3 \to \mathbb{R}^4$ definida por:

$$f(1, 0, 0) = 2\vec{\mathbf{e}}_1 + 3\vec{\mathbf{e}}_2 - \vec{\mathbf{e}}_4$$
$$f(0, 1, 0) = -\vec{\mathbf{e}}_1 - 2\vec{\mathbf{e}}_2 - 2\vec{\mathbf{e}}_3$$
$$f(0, 0, 1) = \vec{\mathbf{e}}_2 + 4\vec{\mathbf{e}}_3 + \vec{\mathbf{e}}_4$$

donde $B = \{\vec{\mathbf{e}}_1, \vec{\mathbf{e}}_2, \vec{\mathbf{e}}_3, \vec{\mathbf{e}}_4\}$ es la base canónica de $\mathbb{R}^4$.

(a) Encuéntrense el núcleo y la imagen de esta aplicación.

(b) ¿Los vectores (1, 1, –2, 1); (1, 0, –1, 0); (–1, –1, 2, 2) pertenecen a la imagen de *f*? En caso afirmativo, indíquense las coordenadas en la base dada en el apartado anterior.

P3.21 Determínese si son verdaderas o falsas las siguientes afirmaciones:

(a) Si *V* y *W* son espacios vectoriales reales y $f\colon V \to W$ es aplicación lineal transforma una base de *V* en una base de *W*.

(b) $g\colon \mathbb{R}^2 \to \mathbb{R}^2$ tal que $g(x, y) = (2x - y, x^2)$ es una aplicación lineal.

(c) Si $f\colon \mathbb{R}^5 \to \mathbb{R}^4$ es una aplicación lineal, entonces existe $\vec{\mathbf{v}} \in \mathbb{R}^5$ $\vec{\mathbf{v}} \neq \vec{\mathbf{0}}$ tal que $f(\vec{\mathbf{v}}) = \vec{\mathbf{0}}$.

(d) Si $V = \{(x, y, z) \in \mathbb{R}^3 / x + y = 0;\ x - 2z = 0\}$ entonces existe un espacio vectorial *W* isomorfo a $\mathbb{R}^2$ tal que $V + W = \mathbb{R}^3$.

P3.22 Pruébese que las siguientes aplicaciones no son lineales:

(a) $f\colon \mathbb{R}^2 \to \mathbb{R}^2$ definida por $f(x, y) = (x + y - 1, x)$.

(b) $f\colon \mathbb{R}^2 \to \mathbb{R}$ definida por $f(x, y) = |x| + |y|$.

(c) $f\colon \mathbb{R}^3 \to \mathbb{R}^2$ tal que $f(0, 1, 3) = (1, 2)$ y $f(0, 2, 6) = (2, 1)$.

P3.23 Sea la aplicación lineal $f: \mathbb{R}^3 \to \mathbb{R}^2$ dada por la matriz $\begin{pmatrix} -1 & 3 & 2 \\ 4 & -12 & -8 \end{pmatrix}$ en las bases $\{(0,0,1); (0,2,1); (3,2,1)\}$ y $\{(1,-1); (2,-5)\}$.

(a) Determínese $\text{Ker}(f)$ sin calcular $f(x, y, z)$.

(b) Determínese $f(x, y, z)$ en coordenadas canónicas.

P3.24 Sea la aplicación lineal $f: \mathbb{R}^3 \to \mathbb{R}^2$ tal que $f(1,1,0) = (2,0,0)$, $f(0,1,1) = (1,2,1)$ y $f(0,0,2) = (1,0,1)$. Sean las bases de $\mathbb{R}^3$ $B = \{(1,1,0); (0,1,1); (0,0,2)\}$ y $B' = \{(1,1,1); (1,0,-1); (0,1,0)\}$. Hállese la matriz asociada a la aplicación lineal en dichas bases.

P3.25 Sean V y W espacios vectoriales reales tales que $\dim(V) = \dim(W) = 3$. Sean $B = \{\vec{\mathbf{v}}_1, \vec{\mathbf{v}}_2, \vec{\mathbf{v}}_3\}$ y $B' = \{\vec{\mathbf{u}}_1, \vec{\mathbf{u}}_2, \vec{\mathbf{u}}_3\}$ bases de V y W respectivamente. Sea $f: V \to W$ una aplicación lineal definida por $f(\vec{\mathbf{v}}_1) = \vec{\mathbf{u}}_1 + \vec{\mathbf{u}}_2 - \vec{\mathbf{u}}_3$, $f(\vec{\mathbf{v}}_2) = \vec{\mathbf{u}}_1 + \vec{\mathbf{u}}_3$ y $f(\vec{\mathbf{v}}_3) = 2\vec{\mathbf{u}}_1 + \vec{\mathbf{u}}_2$.

(a) Encuéntrese la matriz asociada a la aplicación lineal respecto a las bases B y B'.

(b) Determínese $f(\vec{\mathbf{v}})\ \forall \vec{\mathbf{v}} \in V$.

(c) Determínese $\text{Ker}(f)$.

(d) Determínese $\text{Im}(f)$.

(e) Determínese si dicha aplicación lineal es isomorfismo.

P3.26 Sea la aplicación lineal $f: \mathbb{R}^3 \to \mathbb{R}^3$ dada por la matriz $\begin{pmatrix} 1 & -1 & 0 \\ 0 & 0 & 0 \\ 0 & 0 & 1 \end{pmatrix}$ en la base $\{(1,-1,0); (-1,1,-1); (1,0,0)\}$.

(a) Pruébese que $f^2 = f$.

(b) Determínese la base respecto a la cual la matriz asociada a la aplicación lineal es $\begin{pmatrix} 1 & 0 & 0 \\ 0 & 1 & 0 \\ 0 & 0 & 1 \end{pmatrix}$.

(Este apartado se puede solucionar mejor después de estudiar la lección 4)

P3.27 Sea la aplicación lineal $f: \mathbb{R}^2 \to \mathbb{R}^2$ definida por $f(x, y) = (-y, x)$. Determínese la matriz as□ciada en la base $B = \{(1,2); (1,-1)\}$.

P3.28 Sea la aplicación lineal $f: \mathbb{R}^3 \to \mathbb{R}^3$ dada por la matriz $\begin{pmatrix} 2 & -1 & -3 \\ -1 & 3 & 5 \\ -1 & 2 & 2 \end{pmatrix}$.

(a) Ver si es un isomorfismo.

(b) Determínese en la base de $\mathbb{R}^3$ $\{(1,1,1); (1,1,0); (1,0,0)\}$ la matriz asociada a la aplicación lineal.

P3.29 Sea la aplicación lineal $f: \mathbb{R}^3 \to \mathbb{R}$ definida por $f(x, y, z) = 2x - 3y + z$.

(a) Determínese la matriz asociada a la aplicación en las bases $B = \{(1, 0, 0); (1, 1, 0); (1, 1, 1)\}$ y $B' = \{2\}$.

(b) Determínese $\text{Ker}(f)$ e $\text{Im}(f)$.

P3.30 Sea la aplicación lineal $f: \mathbb{R}^3 \to \mathbb{R}^2$ dada por la matriz $\begin{pmatrix} 1 & 1 & 0 \\ 0 & 1 & 0 \end{pmatrix}$ en las bases $\{(1, 1, 0); (2, 0, 1); (1, 1, 1)\}$ y $\{(2, 1); (1, 1)\}$.

(a) Calcúlese $f(1, -1, 2)$.

(b) Determínese $\text{Ker}(f)$ e $\text{Im}(f)$.

P3.31 Demuéstrese que $\{(x, y, z, t) \in \mathbb{R}^4 / x + y + z = 0\}$ es isomorfo a $\mathbb{R}^3$. Encuéntrese la matriz asociada al isomorfismo encontrado.

P3.32 Sean la aplicaciones lineales:

$$f_1: \mathbb{R}^2 \to \mathbb{R}^3 \text{ definida por } f_1(x, y) = (x + y, x - y, 2x)$$

$$f_2: \mathbb{R}^3 \to \mathbb{R}^2 \text{ definida por } f_2(x, y, z) = (x + y + z, x - y)$$

$$f_3: \mathbb{R}^2 \to \mathbb{R}^2 \text{ definida por } f_3(x, y) = (x, y).$$

(a) Determínese $f_2 \circ f_1$.

(b) Determínese $(f_2 \circ f_1 - 3f_3)^{-1}$

P3.33 Encúentrese el valor de λ para que la aplicación lineal $f: \mathbb{R}^3 \to \mathbb{R}^2$ definida por $f(x, y, z) = (\lambda x + y + z, \lambda x + y, y + z)$ tenga por núcleo el vector nulo.

P3.34 Sean la aplicaciones lineales:

$$f_1: \mathbb{R}^2 \to \mathbb{R}^3 \text{ definida por } f_1(x, y) = (2x + y, x + y, y)$$
$$f_2: \mathbb{R}^3 \to \mathbb{R}^2 \text{ definida por } f_2(x, y, z) = (2x + y, y + z)$$

Determínese $\mathrm{Ker}(f_2 \circ f_1)$.

P3.35 Descríbase explícitamente una aplicación lineal $f: \mathbb{R}^3 \to \mathbb{R}^3$ tal que $\mathrm{Im}(f) = \mathscr{L}\{(1, 0, -1); (1, 2, 2)\}$.

P3.36 Dese un ejemplo de una aplicación lineal tal que $\mathrm{Ker}(f) = \mathscr{L}\{(4, -7, 5)\}$ e $\mathrm{Im}(f) = \mathscr{L}\{(2, -1, 1); (-1, 3, 2)\}$ si existe.

P3.37 Encuéntrese una aplicación lineal del espacio vectorial real que es solución del sistema homogéneo (a) en el espacio vectorial real que es solución de la ecuación homogénea (b).

(a) $\begin{cases} x + y - z = 0 \\ z = 2x - y \end{cases}$.

(b) $x + y = 0$.

P3.38 Sea f un endomorfismo de $\mathbb{R}^3$ definido por $f(x, y, z) = (3x, x - y, 2x + y + z)$. ¿Es invertible? En caso de serlo, hállese el endomorfismo inverso.

P3.39 Sean f y g aplicaciones lineales de $\mathbb{R}^2 \to \mathbb{R}^2$ cuyas matrices asociadas en las bases $B = \{(1, 2); (2, 1)\}$ y $B' = \{(1, 0); (2, 3)\}$ son respectivamente $\begin{pmatrix} 2 & 1 \\ 3 & 2 \end{pmatrix}$ y $\begin{pmatrix} 1 & 0 \\ 2 & 1 \end{pmatrix}$.

(a) Determínese la matriz asociada a $f \circ g$ en las bases B y B'.

(b) Determínese $f \circ g(x, y)$.

CAPÍTULO 4

Diagonalización

Nociones teóricas

Dado un endomorfismo, es decir, una aplicación lineal $f: \mathbb{R}^n \to \mathbb{R}^n$, hay muchas matrices (en diferentes bases) que definen esta aplicación. Se trata de encontrar la más fácil de ellas que es una matriz diagonal de dimensión $n \times n$.

POLINOMIO CARACTERÍSTICO DE UNA MATRIZ A

Sea $f: \mathbb{R}^n \to \mathbb{R}^n$ y sea $\mathbf{A}$ su matriz asociada, se llama polinomio característico de la matriz $\mathbf{A}$ a

$$\mathbf{P}(\lambda) = |\mathbf{A} - \lambda\mathbf{I}| = \begin{vmatrix} a_{11}-\lambda & a_{12} & \cdots & a_{1n} \\ a_{21} & a_{22}-\lambda & \cdots & a_{2n} \\ \vdots & \vdots & \ddots & \vdots \\ a_{n1} & a_{n2} & \cdots & a_{nn}-\lambda \end{vmatrix}$$

AUTOVECTOR

Sea $f: \mathbb{R}^n \to \mathbb{R}^n$ endomorfismo, se dice que $\vec{\mathbf{x}} \neq \vec{\mathbf{0}}$ $\quad \vec{\mathbf{x}} \in \mathbb{R}^n$ es un autovector de f si $\exists\, \lambda \in \mathbb{R}$ tal que $f(\vec{\mathbf{x}}) = \lambda \vec{\mathbf{x}}$.

AUTOVALOR

Sea $f: \mathbb{R}^n \to \mathbb{R}^n$ endomorfismo, se dice que $\lambda \in \mathbb{R}$ es un autovalor de *f* si $\exists\, \vec{\mathbf{x}} \in \mathbb{R}^n$ tal que $f(\vec{\mathbf{x}}) = \lambda \vec{\mathbf{x}}$.

A cada autovector le corresponde un único autovalor, no obstante, cada autovalor puede llevar asociados autovectores distintos.

Propiedades de los autovalores y autovectores

1. Los autovalores de un endomorfismo son raíces de su polinomio característico.
2. Los autovectores asociados a un autovalor λ_i junto con el vector $\vec{\mathbf{0}}$ forman un espacio vectorial, que se representa por $\mathscr{L}(\lambda_i)$

$$\mathscr{L}(\lambda_i) = \left\{ \vec{\mathbf{x}} \in \mathbb{R}^n / (\mathbf{A} - \lambda_i \mathbf{I})\, \mathbf{X} = \mathbf{0} \right\}$$

   El sistema lineal homogéneo $(\mathbf{A} - \lambda_i \mathbf{I})\, \mathbf{X} = \mathbf{0}$ se llama autosistema.
3. Autovectores asociados a autovalores distintos son linealmente independientes.

MATRICES SEMEJANTES

Se llaman matrices semejantes a las que definen el mismo endomorfismo (para distintas bases).

Sean B_1 y B_2 bases de $\mathbb{R}^n$, entonces la matriz de cambio de base de B_1 a B_2 es, como vimos en el capítulo 3, $\mathbf{C} = \mathbf{B}_2^{-1} \cdot \mathbf{B}_1$.

Si llamamos $\mathbf{A}_1$ y $\mathbf{A}_2$ a las matrices que definen a *f* respecto a ambas bases, la relación entre dichas matrices es $\mathbf{A}_1 = \mathbf{C}^{-1}\mathbf{A}_2\mathbf{C}$.

Propiedades de las matrices semejantes

1. Las matrices semejantes tienen el mismo polinomio característico.
2. Las matrices semejantes tienen el mismo determinante y la misma traza (suma de los elementos de la diagonal principal).
3. Si **A** y **B** son matrices semejantes también lo son $\mathbf{A}^n$ y $\mathbf{B}^n$.

DIAGONALIZACIÓN DE UNA MATRIZ CUADRADA

TEOREMA *Dada una matriz* **A** *de dimensión* $n \times n$ *existe una matriz diagonal semejante a* **A** $\Leftrightarrow$ *en todo endomorfismo* $f: \mathbb{R}^n \to \mathbb{R}^n$ *representado por* **A** *existe una base de* $\mathbb{R}^n$ *de autovectores de f.*

PROPOSICIÓN Dada una matriz $\mathbf{A}$ de dimensión $n \times n$ existe una matriz diagonal semejante a $\mathbf{A} \Leftrightarrow$ para cada autovalor de $\mathbf{A}$ la multiplicidad algebraica coincide con la multiplicidad geométrica.

Multiplicidad algebraica: *Multiplicidad de* λ *como raíz del polinomio característico.*

Multiplicidad geométrica: *Dimensión del espacio vectorial solución del sistema homogéneo* $(\mathbf{A} - \lambda\mathbf{I})\,\mathbf{X} = \mathbf{0}$.

CÁLCULO DE LA MATRIZ DIAGONAL SEMEJANTE

Sea $f\colon \mathbb{R}^n \to \mathbb{R}^n$, sean B_1 la base canónica y B_2 una base de autovectores de *f* y las matrices $\mathbf{A}$ y Λ las que definen a *f* en las bases B_1 y B_2. La matriz Λ es una matriz diagonal donde los valores de la diagonal son los autovalores de *f* teniendo en cuenta la definición de autovalor.

A continuación, planteamos el siguiente cambio de base

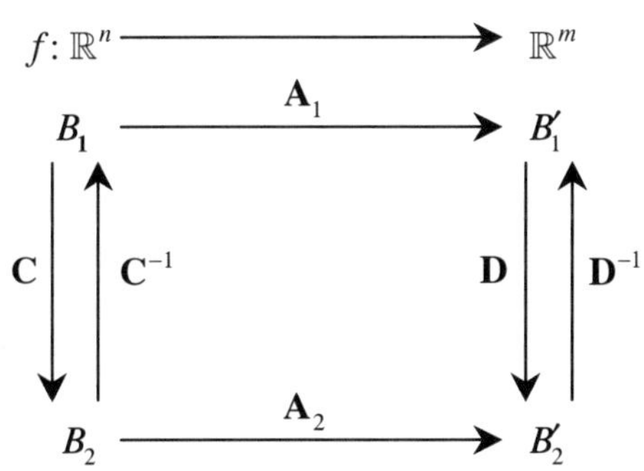

donde

$$\mathbf{B}_1\mathbf{X} = \mathbf{B}_2\mathbf{X}' \Rightarrow \mathbf{B}_2^{-1}\mathbf{B}_1 = \mathbf{C} \Rightarrow \mathbf{C} = \mathbf{B}_2^{-1} \Rightarrow \mathbf{C}^{-1} = \mathbf{B}_2$$

es la base de autovectores en columna. Esta matriz se llama **matriz de paso** y se representa por $\mathbf{P}$.

Entonces como

$$\mathbf{A} = \mathbf{C}^{-1}\Lambda\mathbf{C} \Leftrightarrow \mathbf{C}\mathbf{A}\mathbf{C}^{-1} = \Lambda$$

también podemos expresar $\Lambda = \mathbf{P}^{-1}\mathbf{A}\mathbf{P} \Leftrightarrow \mathbf{A} = \mathbf{P}\Lambda\mathbf{P}^{-1}$.

Cálculo de $\mathbf{A}^m$

Calculamos el valor de $\mathbf{A}^m$ sustituyendo $\mathbf{A}$ por el valor anteriormente obtenido, es decir,

$$\mathbf{A}^m = (\mathbf{P}\Lambda\mathbf{P}^{-1})\,(\mathbf{P}\Lambda\mathbf{P}^{-1})\cdots(\mathbf{P}\Lambda\mathbf{P}^{-1}) = \mathbf{P}\Lambda^m\mathbf{P}^{-1},$$

aplicando la propiedad asociativa donde las matrices Λ y Λ^n son

$$\Lambda = \begin{pmatrix} \lambda_1 & 0 & \cdots & 0 \\ 0 & \lambda_2 & \cdots & 0 \\ \vdots & \vdots & \ddots & \vdots \\ 0 & 0 & \cdots & \lambda_n \end{pmatrix} \quad \text{y} \quad \Lambda^m = \begin{pmatrix} \lambda_1^m & 0 & \cdots & 0 \\ 0 & \lambda_2^m & \cdots & 0 \\ \vdots & \vdots & \ddots & \vdots \\ 0 & 0 & \cdots & \lambda_n^m \end{pmatrix}$$

TEOREMA DE CAYLEY-HAMILTON

Toda matriz **A** es raíz de su polinomio característico.

MATRIZ SIMÉTRICA

Una matriz **A** es simétrica si coincide con su matriz transpuesta.

Propiedades de las matrices simétricas

1. Sus autovalores son números reales.
2. Los autovectores asociados a autovalores distintos son ortogonales.
3. Si $\Lambda = \mathbf{CAC}^{-1}$ la matriz **C** es ortogonal.
4. El determinante de la matriz **A** es el producto de sus autovalores, es decir, $\lambda_1 \cdot \lambda_2 \cdots \lambda_n$.
5. La traza de la matriz **A** es la suma de sus autovalores, es decir, $\lambda_1 + \lambda_2 + \cdots + \lambda_n$.

Ejercicios resueltos

Ejercicio 4.1 **Demuéstrese que $\vec{v} = (2, 3)$ es un autovector asociado al autovalor 4 para el endomorfismo $f: \mathbb{R}^2 \to \mathbb{R}^2$ dado por $f(x, y) = (x + 2y, 3x + 2y)$.**

SOLUCIÓN

Veamos que $f(2, 3) = 4(2, 3)$ y, por tanto, que $\vec{v} = (2, 3)$ es un autovector asociado al autovalor 4.

$$f(2, 3) = (2 + 2 \cdot 3, 3 \cdot 2 + 2 \cdot 3) = (8, 12) = 4(2, 3).$$

Ejercicio 4.2 **Calcúlese una base de autovectores del endomorfismo $f: \mathbb{R}^2 \to \mathbb{R}^2$ definido por la matriz $A = \begin{pmatrix} -3 & -2 \\ 12 & 7 \end{pmatrix}$.**

SOLUCIÓN

Calculemos los autovalores de **A** resolviendo la ecuación $|\mathbf{A} - \lambda \mathbf{I}| = 0$. En este caso, $\begin{vmatrix} -3-\lambda & -2 \\ 12 & 7-\lambda \end{vmatrix} = 0$, lo que es equivalente a

$$\lambda^2 - 4\lambda + 3 = 0 \text{ cuyas soluciones son } \lambda_1 = 1 \text{ y } \lambda_2 = 3.$$

A continuación, calculemos una base de autovectores de $\mathscr{L}(\lambda_1 = 1)$. Para ello, debemos resolver el sistema homogéneo

$$\begin{pmatrix} -4 & -2 \\ 12 & 6 \end{pmatrix} \begin{pmatrix} x \\ y \end{pmatrix} = \begin{pmatrix} 0 \\ 0 \end{pmatrix}$$

cuyas soluciones son, en forma paramétrica, $x = k$ e $y = -2k$. Por lo tanto, una base de $\mathscr{L}(\lambda_1 = 1)$ está formada por el vector $\{(1, -2)\}$.

Por otro lado, calculemos una base de autovectores de $\mathscr{L}(\lambda_2 = 3)$. En este caso, para calcular dicha base debemos resolver el sistema homogéneo

$$\begin{pmatrix} -6 & -2 \\ 12 & 4 \end{pmatrix} \begin{pmatrix} x \\ y \end{pmatrix} = \begin{pmatrix} 0 \\ 0 \end{pmatrix}$$

cuyas soluciones son, en forma paramétrica, $x = k$ e $y = -3k$. Por lo tanto, una base de $\mathscr{L}(\lambda_2 = 3)$ está formada por el vector $\{(1, -3)\}$.

Luego, una base de autovectores del endomorfismo será $\{(1, -2); (1, -3)\}$.

Ejercicio 4.3

Calcule una base de autovectores del endomorfismo $f: \mathbb{R}^3 \to \mathbb{R}^3$ definido por la matriz $\mathbf{A} = \begin{pmatrix} 4 & 1 & -1 \\ 2 & 5 & -2 \\ 1 & 1 & 2 \end{pmatrix}$.

SOLUCIÓN

En primer lugar, calculemos los autovalores de **A** resolviendo la ecuación $|\mathbf{A} - \lambda \mathbf{I}| = 0$. En este caso,

$$\begin{vmatrix} 4-\lambda & 1 & -1 \\ 2 & 5-\lambda & -2 \\ 1 & 1 & 2-\lambda \end{vmatrix} = 0$$

equivalente a

$$-\lambda^3 + 11\lambda^2 - 39\lambda + 45 = 0$$

cuyas soluciones son

$$\lambda_1 = 3 \text{ (doble)} \quad \text{y} \quad \lambda_2 = 5 \text{ (simple)}.$$

Seguidamente, calculemos una base de autovectores de $\mathscr{L}(\lambda_1 = 3)$, para lo que debemos resolver el sistema homogéneo

$$\begin{pmatrix} 1 & 1 & -1 \\ 2 & 2 & -2 \\ 1 & 1 & -1 \end{pmatrix} \begin{pmatrix} x \\ y \\ z \end{pmatrix} = \begin{pmatrix} 0 \\ 0 \\ 0 \end{pmatrix}$$

cuyas soluciones son, en forma paramétrica y en función de dos parámetros,

$$x = k - l \ ; \ y = l \ \text{ y } \ z = k \ .$$

Por lo tanto, una base de $\mathscr{L}(\lambda_1 = 3)$ está formada por los vectores $\{(1, 0, 1); (0, 1, 1)\}$.

Análogamente podemos calcular una base de autovectores de $\mathscr{L}(\lambda_2 = 5)$. Para calcular dicha base debemos resolver el sistema homogéneo

$$\begin{pmatrix} -1 & 1 & -1 \\ 2 & 0 & -2 \\ 1 & 1 & -3 \end{pmatrix} \begin{pmatrix} x \\ y \\ z \end{pmatrix} = \begin{pmatrix} 0 \\ 0 \\ 0 \end{pmatrix}$$

cuyas soluciones son, en forma paramétrica,

$$x = k \ ; \ y = 2k \ \text{ y } \ z = k \ .$$

Por lo tanto, una base de $\mathscr{L}(\lambda_2 = 5)$ está formada por el vector $\{(1, 2, 1)\}$.

Luego una base de autovectores del endomorfismo será $\{(1, 0, 1); (0, 1, 1); (1, 2, 1)\}$.

Ejercicio 4.4 **Determine si son verdaderas o falsas las siguientes afirmaciones, justificando brevemente la respuesta:**

(a) Los autovectores asociados a un mismo autovalor son linealmente independientes.

(b) Los autovectores asociados a autovalores diferentes son siempre linealmente independientes.

(c) Si el determinante de una matriz asociada a un endormorfismo es distinto de 0, el endomorfismo es diagonalizable.

(d) Si A es diagonalizable también $\mathbf{A}^{-1}$ es diagonalizable.

(e) El número de autovalores de una matriz $n \times n$ diagonalizable es también n.

SOLUCIÓN

(a) Falso, los autovectores asociados a un autovalor forman un subespacio vectorial por lo que pueden ser combinación lineal unos de otros, habrá tantos vectores linealmente independientes como la dimensión del subespacio.

(b) Verdadero. Es una de las propiedades de autovalores y autovectores.

(c) Falso. Para que un endomorfismo sea diagonalizable tiene que ser posible encontrar una base de autovectores. El hecho de que el determinante de la matriz que define el endomorfismo sea distinto de 0 no nos asegura poder encontrar una base de autovectores. Por ejemplo, si tomamos la matriz $\mathbf{A} = \begin{pmatrix} 1 & 1 & 0 \\ 0 & 1 & 0 \\ 0 & 0 & 1 \end{pmatrix}$, su determinante es distinto de 0 pero no es diagonalizable.

(d) Verdadero. Si **A** es diagonalizable, entonces

$$\exists\, \mathbf{P} / \Lambda = \mathbf{P}^{-1}\mathbf{A}\mathbf{P},$$

por tanto, calculando inversas obtenemos

$$\Lambda^{-1} = (\mathbf{P}^{-1}\mathbf{A}\mathbf{P})^{-1} = \mathbf{P}^{-1}\mathbf{A}^{-1}\mathbf{P},$$

teniendo en cuenta que la inversa de la inversa de una matriz vuelve a ser la misma matriz. Por otra parte, la inversa de una matriz diagonal es también una matriz diagonal y entonces $\mathbf{A}^{-1}$ es también diagonalizable.

(e) Falso. Es posible que al calcular las raíces del polinomio característico obtengamos menos de n valores, y que alguno de ellos tenga multiplicidad mayor que 1. En este caso, la multiplicidad algebraica de cada autovalor debe de coincidir con su multiplicidad geométrica.

Ejercicio 4.5 **Si A es matriz asociada de un endomorfismo $f\colon \mathbb{R}^n \to \mathbb{R}^n$ diagonalizable, demuéstrense las siguientes afirmaciones:**

(a) Si λ es un autovalor de A y A es invertible, entonces $\frac{1}{\lambda}$ es autovalor de $\mathbf{A}^{-1}$.

(b) Si λ es un autovalor de A, entonces λ^2 es autovalor de $\mathbf{A}^2$.

SOLUCIÓN

Si **A** es diagonalizable

$$\exists\, \mathbf{P} / \Lambda = \mathbf{P}^{-1}\mathbf{A}\mathbf{P}$$

entonces, calculando matrices inversas a ambos lados de la igualdad, obtenemos

$$\Lambda^{-1} = (\mathbf{P}^{-1}\mathbf{A}\mathbf{P})^{-1} = \mathbf{P}^{-1}\mathbf{A}^{-1}\mathbf{P}\,,$$

por lo tanto, la matriz $\mathbf{A}^{-1}$ también es diagonalizable, una base de autovalores está formada por las columnas de $\mathbf{P}^{-1}$ y sus autovalores son los elementos de la matriz diagonal Λ^{-1}. Dichos elementos son $\frac{1}{\lambda}$ para los autovalores de **A**.

Si **A** es diagonalizable

$$\exists\, \mathbf{P} / \Lambda = \mathbf{P}^{-1}\mathbf{A}\mathbf{P}$$

entonces, elevando al cuadarado a ambos lados de la igualdad obtenemos

$$\Lambda^{2} = (\mathbf{P}^{-1}\mathbf{A}\mathbf{P})^{2} = (\mathbf{P}^{-1}\mathbf{A}\mathbf{P})\,(\mathbf{P}^{-1}\mathbf{A}\mathbf{P}) = \mathbf{P}^{-1}\mathbf{A}^{2}\mathbf{P}\,,$$

por lo tanto, la matriz $\mathbf{A}^{2}$ también es diagonalizable, una base de autovalores está formada por las columnas de **P** y sus autovalores son los elementos de la matriz diagonal Λ^{2}. Dichos elementos son λ^{2} para los autovalores de **A**.

Ejercicio 4.6 **Dadas las siguientes matrices, calcúlense sus autovalores y autovectores, la matriz diagonal semejante y la relación entre la matriz A y su matriz diagonal semejante, en caso de que sea posible. Calcúlese la expresión de $\mathbf{A}^{n}$ utilizando la matriz diagonal semejante:**

(a) $\mathbf{A} = \begin{pmatrix} 1 & 4 & 1 \\ 2 & 1 & 0 \\ -1 & 3 & 1 \end{pmatrix}$.

(b) $\mathbf{A} = \begin{pmatrix} 1 & 4 \\ 9 & 1 \end{pmatrix}$.

(c) $\mathbf{A} = \begin{pmatrix} 2 & -1 & 1 \\ 3 & 3 & -2 \\ 4 & 1 & 0 \end{pmatrix}$.

(d) $\mathbf{A} = \begin{pmatrix} -1 & -2 & -2 \\ 1 & 2 & 1 \\ -1 & -1 & 0 \end{pmatrix}$.

SOLUCIÓN

(a) Como en ejercicios anteriores, calculemos los autovalores de $\mathbf{A}$ resolviendo la ecuación $|\mathbf{A}-\lambda\mathbf{I}|=0$. En este caso,

$$\begin{vmatrix} 1-\lambda & 4 & 1 \\ 2 & 1-\lambda & 0 \\ -1 & 3 & 1-\lambda \end{vmatrix} = 0,$$

lo que equivale a $-\lambda^3+3\lambda^2+4\lambda=0$, cuyas soluciones son $\lambda_1=0$, $\lambda_2=-1$ y $\lambda_3=4$.

A continuación, calculemos una base de autovectores de $\mathscr{L}(\lambda_1=0)$. Para calcular dicha base debemos resolver el sistema homogéneo

$$\begin{pmatrix} 1 & 4 & 1 \\ 2 & 1 & 0 \\ -1 & 3 & 1 \end{pmatrix}\begin{pmatrix} x \\ y \\ z \end{pmatrix} = \begin{pmatrix} 0 \\ 0 \\ 0 \end{pmatrix}$$

cuyas soluciones son, en forma paramétrica, en función de dos parámetros $x=\frac{k}{7}$; $y=\frac{-2k}{7}$ y $z=k$. Por lo tanto, una base de $\mathscr{L}(\lambda_1=0)$ está formada por el vector $\{(1,-2,7)\}$.

Calculamos una base de autovectores de $\mathscr{L}(\lambda_2=-1)$. Para calcular dicha base debemos resolver el sistema homogéneo

$$\begin{pmatrix} 2 & 4 & 1 \\ 2 & 2 & 0 \\ -1 & 3 & 2 \end{pmatrix}\begin{pmatrix} x \\ y \\ z \end{pmatrix} = \begin{pmatrix} 0 \\ 0 \\ 0 \end{pmatrix}$$

cuyas soluciones son, en forma paramétrica, en función de dos parámetros $x=\frac{k}{2}$; $y=\frac{-k}{2}$ y $z=k$. Por lo tanto, una base de $\mathscr{L}(\lambda_2=-1)$ está formada por el vector $\{(1,-1,2)\}$.

Seguidamente calculemos una base de autovectores de $\mathscr{L}(\lambda_3=4)$. Para calcular dicha base debemos resolver el sistema homogéneo

$$\begin{pmatrix} -3 & 4 & 1 \\ 2 & -3 & 0 \\ -1 & 3 & -3 \end{pmatrix}\begin{pmatrix} x \\ y \\ z \end{pmatrix} = \begin{pmatrix} 0 \\ 0 \\ 0 \end{pmatrix}$$

cuyas soluciones son, en forma paramétrica, y en función de dos parámetros, $x=3k$, $y=2k$ y $z=k$. Por lo tanto, una base de $\mathscr{L}(\lambda_3=4)$ está formada por el vector $\{(3,2,1)\}$.

La relación entre $\mathbf{A}$ y su matriz diagonal semejante es $\Lambda=\mathbf{P}^{-1}\mathbf{AP}$ siendo $\mathbf{P}$ la matriz de paso, formada por una base de autovectores en columna y Λ la matriz diagonal formada por los autovalores. Es decir:

$$\begin{pmatrix} 0 & 0 & 0 \\ 0 & -1 & 0 \\ 0 & 0 & 4 \end{pmatrix} = \begin{pmatrix} 1 & 1 & 3 \\ -2 & -1 & 2 \\ 7 & 2 & 1 \end{pmatrix}^{-1} \begin{pmatrix} 1 & 4 & 1 \\ 2 & 1 & 0 \\ -1 & 3 & 1 \end{pmatrix} \begin{pmatrix} 1 & 1 & 3 \\ -2 & -1 & 2 \\ 7 & 2 & 1 \end{pmatrix}$$

Despejando **A** en esta expresión obtenemos $\mathbf{A} = \mathbf{P}\Lambda\mathbf{P}^{-1}$, luego

$$\begin{pmatrix} 1 & 4 & 1 \\ 2 & 1 & 0 \\ -1 & 3 & 1 \end{pmatrix} = \begin{pmatrix} 1 & 1 & 3 \\ -2 & -1 & 2 \\ 7 & 2 & 1 \end{pmatrix} \begin{pmatrix} 0 & 0 & 0 \\ 0 & -1 & 0 \\ 0 & 0 & 4 \end{pmatrix} \begin{pmatrix} 1 & 1 & 3 \\ -2 & -1 & 2 \\ 7 & 2 & 1 \end{pmatrix}^{-1}$$

Entonces, para calcular $\mathbf{A}^n = \mathbf{P}\Lambda^n\mathbf{P}^{-1}$,

$$\begin{pmatrix} 1 & 4 & 1 \\ 2 & 1 & 0 \\ -1 & 3 & 1 \end{pmatrix}^n = \begin{pmatrix} 1 & 1 & 3 \\ -2 & -1 & 2 \\ 7 & 2 & 1 \end{pmatrix} \begin{pmatrix} 0 & 0 & 0 \\ 0 & (-1)^n & 0 \\ 0 & 0 & 4^n \end{pmatrix} \begin{pmatrix} 1 & 1 & 3 \\ -2 & -1 & 2 \\ 7 & 2 & 1 \end{pmatrix}^{-1}$$

(b) Calculemos los autovalores de **A** resolviendo la ecuación $|\mathbf{A} - \lambda\mathbf{I}| = 0$. En este caso,

$$\begin{vmatrix} 1-\lambda & 4 \\ 9 & 1-\lambda \end{vmatrix} = 0,$$

lo que equivale a $\lambda^2 - 2\lambda - 35 = 0$, cuyas soluciones son $\lambda_1 = -5$ y $\lambda_2 = 7$.

En primer lugar, calculemos una base de autovectores de $\mathscr{L}(\lambda_1 = -5)$, lo que debemos resolver el sistema homogéneo

$$\begin{pmatrix} 6 & 4 \\ 9 & 6 \end{pmatrix} \begin{pmatrix} x \\ y \end{pmatrix} = \begin{pmatrix} 0 \\ 0 \end{pmatrix}$$

cuyas soluciones son, en forma paramétrica y en función de dos parámetros $x = \frac{-2k}{3}$ e $y = k$. Por lo tanto, una base de $\mathscr{L}(\lambda_1 = -5)$ está formada por el vector $\{(-2, 3)\}$.

Por otra parte, calculemos una base de autovectores de $\mathscr{L}(\lambda_2 = 7)$. Para ello, debemos resolver el sistema homogéneo

$$\begin{pmatrix} -6 & 4 \\ 9 & -6 \end{pmatrix} \begin{pmatrix} x \\ y \end{pmatrix} = \begin{pmatrix} 0 \\ 0 \end{pmatrix}$$

cuyas soluciones son, en forma paramétrica, $x = \frac{2k}{3}$ e $y = k$. Por lo tanto, una base de $\mathscr{L}(\lambda_2 = 7)$ está formada por el vector $\{(2, 3)\}$.

La relación entre **A** y su matriz diagonal semejante es $\Lambda = \mathbf{P}^{-1}\mathbf{AP}$ siendo **P** la matriz de paso, formada por una base de autovectores en columna y Λ la matriz diagonal formada por los autovalores. Es decir

$$\begin{pmatrix} -5 & 0 \\ 0 & 7 \end{pmatrix} = \begin{pmatrix} -2 & 2 \\ 3 & 3 \end{pmatrix}^{-1} \begin{pmatrix} 1 & 4 \\ 9 & 1 \end{pmatrix} \begin{pmatrix} -2 & 2 \\ 3 & 3 \end{pmatrix}$$

Despejando **A** en esta expresión obtenemos $\mathbf{A} = \mathbf{P}\Lambda\mathbf{P}^{-1}$, luego

$$\begin{pmatrix} 1 & 4 \\ 9 & 1 \end{pmatrix} = \begin{pmatrix} -2 & 2 \\ 3 & 3 \end{pmatrix} \begin{pmatrix} -5 & 0 \\ 0 & 7 \end{pmatrix} \begin{pmatrix} -2 & 2 \\ 3 & 3 \end{pmatrix}^{-1}$$

Entonces, para calcular $\mathbf{A}^n = \mathbf{P}\Lambda^n\mathbf{P}^{-1}$,

$$\begin{pmatrix} 1 & 4 \\ 9 & 1 \end{pmatrix}^n = \begin{pmatrix} -2 & 2 \\ 3 & 3 \end{pmatrix} \begin{pmatrix} (-5)^n & 0 \\ 0 & 7^n \end{pmatrix} \begin{pmatrix} -2 & 2 \\ 3 & 3 \end{pmatrix}^{-1}$$

(c) Análogamente y en este caso,

$$\begin{vmatrix} 2-\lambda & -1 & 1 \\ 3 & 3-\lambda & -2 \\ 4 & 1 & -\lambda \end{vmatrix} = 0,$$

equivalente a $-\lambda^3 + 5\lambda^2 - 7\lambda + 3 = 0$ cuyas soluciones son: $\lambda_1 = 1$ (doble) y $\lambda_2 = 3$ (simple).

Para hallar una base de autovectores de $\mathscr{L}(\lambda_1 = 1)$, debemos resolver el sistema homogéneo

$$\begin{pmatrix} 1 & -1 & 1 \\ 3 & 2 & -2 \\ 4 & 1 & -1 \end{pmatrix} \begin{pmatrix} x \\ y \\ z \end{pmatrix} = \begin{pmatrix} 0 \\ 0 \\ 0 \end{pmatrix}$$

cuyas soluciones son, en forma paramétrica, $x = 0$, $y = k$ y $z = k$. Por lo tanto, una base de $\mathscr{L}(\lambda_1 = 1)$ estará formada por el vector $\{(0, 1, 1)\}$.

Ya podemos deducir que esta matriz no es diagonalizable puesto que la multiplicidad algebraica del autovalor $\lambda_1 = 1$, que es 2, no coincide con la multiplicidad geométrica, que es la dimensión de $\mathscr{L}(\lambda_1 = 1)$ que es 1.

(d) En este caso,

$$\begin{vmatrix} -1-\lambda & -2 & -2 \\ 1 & 2-\lambda & 1 \\ -1 & -1 & -\lambda \end{vmatrix} = 0,$$

equivalente a $-\lambda^3 + \lambda^2 + \lambda - 1 = 0$ cuyas soluciones son $\lambda_1 = 1$ (doble) y $\lambda_2 = 3$ (simple).

Hemos de calcular una base de autovectores de $\mathscr{L}(\lambda_1 = 1)$. Para calcular dicha base debemos resolver el sistema homogéneo

$$\begin{pmatrix} -2 & -2 & -2 \\ 1 & 1 & 1 \\ -1 & -1 & -1 \end{pmatrix}\begin{pmatrix} x \\ y \\ z \end{pmatrix} = \begin{pmatrix} 0 \\ 0 \\ 0 \end{pmatrix}$$

cuyas soluciones son, en forma paramétrica, en función de dos parámetros, $x = -k - l$; $y = k$ y $z = l$. Por lo tanto, una base de $\mathscr{L}(\lambda_1 = 1)$ está formada por los vectores $\{(-1, 1, 0), (-1, 0, 1)\}$.

En segundo lugar, calculemos una base de autovectores de $\mathscr{L}(\lambda_2 = -1)$. Para calcular dicha base debemos resolver el sistema homogéneo

$$\begin{pmatrix} 0 & -2 & -2 \\ 1 & 3 & 1 \\ -1 & -1 & 1 \end{pmatrix}\begin{pmatrix} x \\ y \\ z \end{pmatrix} = \begin{pmatrix} 0 \\ 0 \\ 0 \end{pmatrix}$$

cuyas soluciones son, en forma paramétrica, en función de dos parámetros, $y = k$; $y = -2k$ y $z = k$. Por lo tanto, una base de $\mathscr{L}(\lambda_2 = -1)$ está formada por el vector $\{(2, -1, 1)\}$.

Por lo tanto una base de autovectores de **A** es $\{(-1, 1, 0); (-1, 0, 1); (2, -1, 1)\}$.

La relación entre **A** y su matriz diagonal semejante es $\Lambda = \mathbf{P}^{-1}\mathbf{A}\mathbf{P}$ siendo **P** la matriz de paso, formada por una base de autovectores en columna y Λ la matriz diagonal formada por los autovalores. Es decir:

$$\begin{pmatrix} 1 & 0 & 0 \\ 0 & 1 & 0 \\ 0 & 0 & -1 \end{pmatrix} = \begin{pmatrix} -1 & -1 & 2 \\ 1 & 0 & -1 \\ 0 & 1 & 1 \end{pmatrix}^{-1}\begin{pmatrix} -1 & -2 & -2 \\ 1 & 2 & 1 \\ -1 & -1 & 0 \end{pmatrix}\begin{pmatrix} -1 & -1 & 2 \\ 1 & 0 & -1 \\ 0 & 1 & 1 \end{pmatrix}$$

Despejando **A** en esta expresión obtenemos $\mathbf{A} = \mathbf{P}\Lambda\mathbf{P}^{-1}$, luego

$$\begin{pmatrix} -1 & -2 & -2 \\ 1 & 2 & 1 \\ -1 & -1 & 0 \end{pmatrix} = \begin{pmatrix} -1 & -1 & 2 \\ 1 & 0 & -1 \\ 0 & 1 & 1 \end{pmatrix}\begin{pmatrix} 1 & 0 & 0 \\ 0 & 1 & 0 \\ 0 & 0 & -1 \end{pmatrix}\begin{pmatrix} -1 & -1 & 2 \\ 1 & 0 & -1 \\ 0 & 1 & 1 \end{pmatrix}^{-1}.$$

Entonces, para calcular $\mathbf{A}^n = \mathbf{P}\Lambda^n\mathbf{P}^{-1}$,

$$\begin{pmatrix} -1 & -2 & -2 \\ 1 & 2 & 1 \\ -1 & -1 & 0 \end{pmatrix}^n = \begin{pmatrix} -1 & -1 & 2 \\ 1 & 0 & -1 \\ 0 & 1 & 1 \end{pmatrix}\begin{pmatrix} 1 & 0 & 0 \\ 0 & 1 & 0 \\ 0 & 0 & (-1)^n \end{pmatrix}\begin{pmatrix} -1 & -1 & 2 \\ 1 & 0 & -1 \\ 0 & 1 & 1 \end{pmatrix}^{-1}$$

Ejercicio 4.7 **Dados los endomorfismos de $\mathbb{R}^3$, estúdiese si existe alguna base de $\mathbb{R}^3$ tal que la matriz asociada sea diagonal. En caso afirmativo, determínese dicha base y la matriz diagonal semejante:**

(a) $f(x, y, z) = (x + 4z, 2x - y - 4z, 3z)$.

(b) $f(x, y, z) = (7x + 4y - z, 4x + 7y - z, -4x - 4y + 4z)$.

(c) $f(x, y, z) = (4x - 2y, -2x + 3y - 2z, -2y + 2z)$.

SOLUCIÓN

(a) Hallemos, primeramente, la matriz que determina el endomorfismo en la base canónica:

$$\mathbf{A} = \begin{pmatrix} 1 & 0 & 0 \\ 2 & -1 & 0 \\ 0 & 0 & 3 \end{pmatrix},$$

para ahora calcular los autovalores de $\mathbf{A}$. Para ello resolvemos la ecuación $|\mathbf{A} - \lambda\mathbf{I}| = 0$. En este caso,

$$\begin{vmatrix} 1-\lambda & 0 & 0 \\ 2 & -1-\lambda & 0 \\ 0 & 0 & 3-\lambda \end{vmatrix} = 0$$

que es equivalente a la ecuación $-\lambda^3 + 3\lambda^2 + \lambda - 3 = 0$ cuyas soluciones son $\lambda_1 = 1$, $\lambda_2 = -1$ y $\lambda_3 = 3$.

De acuerdo con estas soluciones, hallemos una base de autovectores de $\mathscr{L}(\lambda_1 = 1)$. Para calcular dicha base debemos resolver el sistema homogéneo

$$\begin{pmatrix} 0 & 0 & 0 \\ 2 & -2 & 0 \\ 0 & 0 & 2 \end{pmatrix}\begin{pmatrix} x \\ y \\ z \end{pmatrix} = \begin{pmatrix} 0 \\ 0 \\ 0 \end{pmatrix}$$

cuyas soluciones son, en forma paramétrica, $x = k$, $y = k$ y $z = 0$. Por lo tanto, una base de $\mathscr{L}(\lambda_1 = 1)$ está formada por el vector $\{(1, 1, 0)\}$.

Seguidamente calculemos una base de autovectores de $\mathscr{L}(\lambda_2 = -1)$. Análogamente debemos resolver el sistema homogéneo

$$\begin{pmatrix} 2 & 0 & 0 \\ 2 & 0 & 0 \\ 0 & 0 & 4 \end{pmatrix}\begin{pmatrix} x \\ y \\ z \end{pmatrix} = \begin{pmatrix} 0 \\ 0 \\ 0 \end{pmatrix}$$

cuyas soluciones son, en forma paramétrica, en función de dos parámetros, $x = 0$, $y = k$ y $z = 0$. Por lo tanto, una base de $\mathscr{L}(\lambda_2 = -1)$ está formada por el vector $\{(0, 1, 0)\}$.

Por último, debemos de hallar una base de autovectores de $\mathscr{L}(\lambda_3 = 3)$. Para calcular dicha base debemos resolver el sistema homogéneo

$$\begin{pmatrix} -2 & 0 & 0 \\ 2 & -4 & 0 \\ 0 & 0 & 0 \end{pmatrix}\begin{pmatrix} x \\ y \\ z \end{pmatrix} = \begin{pmatrix} 0 \\ 0 \\ 0 \end{pmatrix}$$

cuyas soluciones son, en forma paramétrica, en función de dos parámetros, $x = 0$, $y = 0$ y $z = k$. Por lo tanto, una base de $\mathscr{L}(\lambda_3 = 3)$ está formada por el vector $\{(0, 0, 1)\}$.

Entonces se puede encontrar una base de autovectores de $\mathbb{R}^3$ $\{(1, 1, 0); (0, 1, 0); (0, 0, 1)\}$.

La matriz diagonal semejante a **A** es $\Lambda = \begin{pmatrix} 1 & 0 & 0 \\ 0 & -1 & 0 \\ 0 & 0 & 3 \end{pmatrix}$.

(b) Como anteriormente, en primer lugar, calculamos la matriz que determina el endomorfismo en la base canónica:

$$\mathbf{A} = \begin{pmatrix} 7 & 4 & -1 \\ 4 & 7 & -1 \\ -4 & -4 & 4 \end{pmatrix},$$

para ahora calcular los autovalores de **A**. Resolvemos la ecuación $|\mathbf{A} - \lambda\mathbf{I}| = 0$, en este caso,

$$\begin{vmatrix} 7-\lambda & 4 & -1 \\ 4 & 7-\lambda & -1 \\ -4 & -4 & 4-\lambda \end{vmatrix} = 0$$

que es equivalente a la ecuación $\lambda^3 - 18\lambda^2 + 81\lambda - 108 = 0$ cuyas soluciones son $\lambda_1 = 3$ (doble) y $\lambda_2 = 12$ (simple).

Calculamos, en primer lugar, una base de autovectores de $\mathscr{L}(\lambda_1 = 3)$. Para ello debemos resolver el sistema homogéneo

$$\begin{pmatrix} 4 & 4 & -1 \\ 4 & 4 & -1 \\ -4 & -4 & 1 \end{pmatrix}\begin{pmatrix} x \\ y \\ z \end{pmatrix} = \begin{pmatrix} 0 \\ 0 \\ 0 \end{pmatrix}$$

cuyas soluciones son, en forma paramétrica, $x = k$, $y = l$ y $z = 4k + 4l$. Por lo tanto, una base de $\mathscr{L}(\lambda_1 = 3)$ está formada por los vectores $\{(1, 0, 4); (0, 1, 4)\}$.

Seguidamente calculamos una base de autovectores de $\mathscr{L}(\lambda_2 = 12)$, para lo que debemos resolver el sistema homogéneo

$$\begin{pmatrix} -5 & 4 & -1 \\ 4 & -5 & -1 \\ -4 & -4 & -8 \end{pmatrix}\begin{pmatrix} x \\ y \\ z \end{pmatrix} = \begin{pmatrix} 0 \\ 0 \\ 0 \end{pmatrix}$$

cuyas soluciones son, en forma paramétrica, $x = -k$, $y = -k$ y $z = k$. Por lo tanto, una base de $\mathscr{L}(\lambda_2 = 12)$ está formada por el vector $\{(-1, -1, 1)\}$.

Entonces, se puede encontrar una base de autovectores de $\mathbb{R}^3$ $\{(1, 0, 4); (0, 1, 4); (-1, -1, 1)\}$.

La matriz diagonal semejante a **A** es $\Lambda = \begin{pmatrix} 1 & 0 & 0 \\ 0 & -1 & 0 \\ 0 & 0 & 3 \end{pmatrix}$.

(c) La matriz que determina el endomorfismo en la base canónica es

$$\mathbf{A} = \begin{pmatrix} 4 & -2 & 0 \\ -2 & 3 & -2 \\ 0 & -2 & 2 \end{pmatrix}$$

Resolviendo la ecuación $|\mathbf{A} - \lambda\mathbf{I}| = 0$, resulta que $\begin{vmatrix} 4-\lambda & -2 & 0 \\ -2 & 3-\lambda & -2 \\ 0 & -2 & 2-\lambda \end{vmatrix} = 0$ equivale a la ecuación $-\lambda^3 + 9\lambda^2 + 18\lambda = 0$, cuyas soluciones son $\lambda_1 = 0$, $\lambda_2 = 3$ y $\lambda_3 = 6$.

Calculamos una base de autovectores de $\mathscr{L}(\lambda_1 = 0)$, para lo cual resolvemos el sistema homogéneo

$$\begin{pmatrix} 4 & -2 & 0 \\ -2 & 3 & -2 \\ 0 & -2 & 2 \end{pmatrix}\begin{pmatrix} x \\ y \\ z \end{pmatrix} = \begin{pmatrix} 0 \\ 0 \\ 0 \end{pmatrix}$$

cuyas soluciones son, en forma paramétrica, $x = k$, $y = 2k$ y $z = 2k$. Por lo tanto, una base de $\mathscr{L}(\lambda_1 = 0)$ está formada por el vector $\{(1, 2, 2)\}$.

Una base de autovectores de $\mathscr{L}(\lambda_2 = 3)$ se calcul resolviendo precisamente el sistema homogéneo

$$\begin{pmatrix} 1 & -2 & 0 \\ -2 & 0 & -2 \\ 0 & -2 & -1 \end{pmatrix}\begin{pmatrix} x \\ y \\ z \end{pmatrix} = \begin{pmatrix} 0 \\ 0 \\ 0 \end{pmatrix}$$

cuyas soluciones son, en forma paramétrica, $x = 2k$, $y = k$ y $z = -2k$. Por lo tanto, una base de $\mathscr{L}(\lambda_2 = 3)$ está formada por el vector $\{(2, 1, -2)\}$.

Para calcular una base de autovectores de $\mathscr{L}(\lambda_3 = 6)$ debemos resolver el sistema homogéneo

$$\begin{pmatrix} -2 & -2 & 0 \\ -2 & -3 & -2 \\ 0 & -2 & -4 \end{pmatrix}\begin{pmatrix} x \\ y \\ z \end{pmatrix} = \begin{pmatrix} 0 \\ 0 \\ 0 \end{pmatrix}$$

cuyas soluciones son, en forma paramétrica, $x = 2k$, $y = -2k$ y $z = k$. Por lo tanto, una base de $\mathcal{L}(\lambda_3 = 6)$ está formada por el vector $\{(2, -2, 1)\}$.

Entonces se puede encontrar una base de autovectores de $\mathbb{R}^3$ $\{(1, 2, 2); (2, 1, -2); (2, -2, 1)\}$.

La matriz diagonal semejante a **A** es $\Lambda = \begin{pmatrix} 0 & 0 & 0 \\ 0 & 3 & 0 \\ 0 & 0 & 6 \end{pmatrix}$.

Ejercicio 4.8

Encuentre una matriz $\mathbf{A}_{3\times3}$ tal que sus autovalores sean $\lambda_1 = 1$, $\lambda_2 = 1$ y $\lambda_3 = -2$ y sus autovectores asociados $\vec{\mathbf{v}}_1 = (1, 0, -1)$, $\vec{\mathbf{v}}_2 = (1, 1, 0)$ y $\vec{\mathbf{v}}_3 = (1, 0, 0)$.

SOLUCIÓN

La matriz diagonal asociada a la matriz **A** será, en este caso, $\Lambda = \begin{pmatrix} -1 & 0 & 0 \\ 0 & 1 & 0 \\ 0 & 0 & -2 \end{pmatrix}$ y la matriz de paso que las relaciona $\mathbf{P} = \begin{pmatrix} 1 & 1 & 1 \\ 0 & 1 & 0 \\ -1 & 0 & 0 \end{pmatrix}$.

De la relación $\Lambda = \mathbf{P}^{-1}\mathbf{AP}$ obtenemos que $\mathbf{A} = \mathbf{P}\Lambda\mathbf{P}^{-1}$, luego

$$\mathbf{A} = \begin{pmatrix} 1 & 1 & 1 \\ 0 & 1 & 0 \\ -1 & 0 & 0 \end{pmatrix} \begin{pmatrix} -1 & 0 & 0 \\ 0 & 1 & 0 \\ 0 & 0 & -2 \end{pmatrix} \begin{pmatrix} 1 & 1 & 1 \\ 0 & 1 & 0 \\ -1 & 0 & 0 \end{pmatrix}^{-1} = \begin{pmatrix} -2 & 3 & -1 \\ 0 & 1 & 0 \\ 0 & 0 & -1 \end{pmatrix}.$$

Ejercicio 4.9

Sea $f\colon \mathbb{R}^3 \to \mathbb{R}^3$ tal que $f(1, 2, 1) = (2, 4, -1)$, $f(1, 0, 2) = (3, -1, 1)$ y $\vec{\mathbf{v}} = (1, -1, 0)$ es un vector asociado al autovalor $\lambda = 2$. Calcúlese:

(a) La matriz A que define la aplicación.

(b) Una base de autovectores de *f*.

SOLUCIÓN

(a) Los vectores $\{(-1, 2, 1); (1, 0, 2); (1, -1, 0)\}$ forman una base de $\mathbb{R}^3$ puesto que el determinante $\begin{vmatrix} -1 & 1 & 1 \\ 2 & 0 & -1 \\ 1 & 2 & 0 \end{vmatrix} = 1 \neq 0$. Por otra parte, conocemos las imágenes de todos los vectores de esta base, ya que para los dos primeros que son datos del problema, y para el último, por ser un autovector asociado al autovalor $\lambda = 2$, se cumple que $f(\vec{\mathbf{v}}) = 2\vec{\mathbf{v}}$ luego $f(1, -1, 0) = (2, -2, 0)$.

Podemos plantear un cambio de base llamando B_1 a la base canónica y $B_2 = \{(1, 2, 1); (1, 0, 2); (1, -1, 0)\}$.

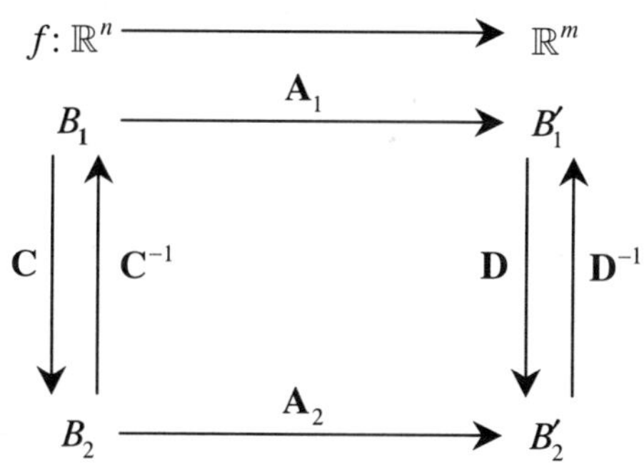

Si consideramos las bases B_1, B_1' y B_2' como las bases canónicas, ya que las imágenes de los vectores de B_2 están expresadas en función de la base canónica obtenemos

$$\mathbf{A}_1 = \mathbf{I} \cdot \mathbf{A}_2 \cdot \mathbf{C}$$

donde

$$\mathbf{C} = \mathbf{B}_2^{-1} = \begin{pmatrix} -1 & 1 & 1 \\ 2 & 0 & -1 \\ 1 & 2 & 0 \end{pmatrix}^{-1} = \begin{pmatrix} 2 & 2 & -1 \\ -1 & -1 & 1 \\ 4 & 3 & -2 \end{pmatrix}$$

Luego

$$\mathbf{A}_1 = \begin{pmatrix} 2 & 3 & 2 \\ 4 & -1 & -2 \\ -1 & 1 & 0 \end{pmatrix}\begin{pmatrix} 2 & 2 & -1 \\ -1 & -1 & 1 \\ 4 & 3 & -2 \end{pmatrix} = \begin{pmatrix} 9 & -7 & -3 \\ 1 & 3 & -1 \\ -3 & -3 & 2 \end{pmatrix}.$$

Por tanto, la matriz que define la aplicación es $\mathbf{A} = \begin{pmatrix} 9 & -7 & -3 \\ 1 & 3 & -1 \\ -3 & -3 & 2 \end{pmatrix}$.

Otra forma de llegar a esta matriz es calculando las coordenadas de la base canónica en la base B_2. En este caso, obtenemos que las coordenadas son $(2, -1, 4)$, $(2, -1, 3)$ y $(-1, 1, -2)$. Dichas coordenadas se obtienen resolviendo los sistemas que se obtienen desarrollando las ecuaciones vectoriales

$$(1, 0, 0) = a(-1, 2, 1) + b(1, 0, 2) + c(1, -1, 0)$$
$$(0, 1, 0) = a(-1, 2, 1) + b(1, 0, 2) + c(1, -1, 0)$$
$$(0, 0, 1) = a(-1, 2, 1) + b(1, 0, 2) + c(1, -1, 0)$$

Ahora calculamos las imágenes de los vectores de la base canónica y se obtiene

$$f(1,0,0) = 2\cdot f(-1,2,1) - f(1,0,2) + 4\cdot f(1,-1,0) = (9,1,-3)$$
$$f(0,1,0) = 2\cdot f(-1,2,1) - f(1,0,2) + 3\cdot f(1,-1,0) = (7,3,-3)$$
$$f(0,0,1) = -f(-1,2,1) - f(1,0,2) - 2\cdot f(1,-1,0) = (-3,-1,2)$$

Con las imágenes de los vectores de la base canónica colocados en columna, obtenemos que la matriz que define la aplicación es $\mathbf{A} = \begin{pmatrix} 9 & -7 & -3 \\ 1 & 3 & -1 \\ -3 & -3 & 2 \end{pmatrix}$.

(b) Para calcular los autovalores y autovectores de **A** se procede de la forma habitual y se obtiene que el polinomio característico es

$$|\mathbf{A}-\lambda\mathbf{I}| = \begin{vmatrix} 9-\lambda & -7 & -3 \\ 1 & 3-\lambda & -1 \\ -3 & -3 & 2-\lambda \end{vmatrix} = -\lambda^3 + 14\lambda^2 - 32\lambda + 16 = 0$$

cuyas soluciones son

$$\lambda_1 = 2\,;\ \lambda_2 = 2\sqrt{7}+6 \ \text{y}\ \lambda_3 = 2\sqrt{7}-6\,.$$

Asociado a cada autovalor calculamos el subespacio de autovectores. Razonando del modo habitual, obtenemos

Base de $\mathscr{L}(\lambda_1 = 2)$: vector $(-1,1,0)$.

Base de $\mathscr{L}(\lambda_2 = 2\sqrt{7}+6)$: vector $\left(-\frac{4}{3}-\frac{\sqrt{7}}{2}, -\frac{\sqrt{7}}{6}, 0\right)$.

Base de $\mathscr{L}(\lambda_3 = 2\sqrt{7}-6)$: vector $\left(-\frac{4}{3}+\frac{\sqrt{7}}{2}, \frac{\sqrt{7}}{6}, 0\right)$.

Ejercicio 4.10 **Compruébese el teorema de Cayley-Hamilton para la matriz $\mathbf{A} = \begin{pmatrix} 0 & -1 & 2 \\ 0 & -1 & 0 \\ -1 & 1 & 3 \end{pmatrix}$. Aplicando este teorema calcúlese la matriz inversa de A.**

SOLUCIÓN

El teorema de Cayley-Hamilton dice que toda matriz es raíz de su polinomio característico.

Calculemos, en primer lugar, el polinomio característico del endomorfismo asociado a la matriz **A**

$$\begin{vmatrix} -\lambda & -1 & 2 \\ 0 & -1-\lambda & 0 \\ 1 & 1 & 3-\lambda \end{vmatrix} = -\lambda^3 + 2\lambda^2 + \lambda - 2\,.$$

Luego, la matriz **A** debe cumplir la ecuación matricial

$$-\mathbf{A}^3 + 2\mathbf{A}^2 + \mathbf{A} - 2\mathbf{I} = 0 \ .$$

Calculemos $\mathbf{A}^3 = \begin{pmatrix} -6 & 5 & 14 \\ 0 & -1 & 0 \\ -7 & 7 & 15 \end{pmatrix}$ y $\mathbf{A}^2 = \begin{pmatrix} -2 & 3 & 6 \\ 0 & 1 & 0 \\ -3 & 3 & 7 \end{pmatrix}$ y comprobamos la igualdad $-\begin{pmatrix} -6 & 5 & 14 \\ 0 & -1 & 0 \\ -7 & 7 & 15 \end{pmatrix} + 2\begin{pmatrix} -2 & 3 & 6 \\ 0 & 1 & 0 \\ -3 & 3 & 7 \end{pmatrix} + \begin{pmatrix} 0 & -1 & 2 \\ 0 & -1 & 0 \\ -1 & 1 & 3 \end{pmatrix} - 2\begin{pmatrix} 1 & 0 & 0 \\ 0 & 1 & 0 \\ 0 & 0 & 1 \end{pmatrix} = \begin{pmatrix} 0 & 0 & 0 \\ 0 & 0 & 0 \\ 0 & 0 & 0 \end{pmatrix}$. Por lo tanto, se cumple el teorema de Cayley-Hamilton.

Para calcular la matriz inversa, tomamos la ecuación

$$-\mathbf{A}^3 + 2\mathbf{A}^2 + \mathbf{A} - 2\mathbf{I} = 0 \ .$$

Pasando el término independiente al segundo miembro obtenemos

$$-\mathbf{A}^3 + 2\mathbf{A}^2 + \mathbf{A} = 2\mathbf{I}$$

y multiplicando por $\mathbf{A}^{-1}$ por la derecha obtenemos

$$-\mathbf{A}^2 + 2\mathbf{A} + \mathbf{I} = 2\mathbf{A}^{-1},$$

luego

$$\mathbf{A}^{-1} = \frac{1}{2}(-\mathbf{A}^2 + 2\mathbf{A} + \mathbf{I}) \ .$$

Entonces

$$\mathbf{A}^{-1} = \frac{1}{2}\left[-\begin{pmatrix} -2 & 3 & 6 \\ 0 & 1 & 0 \\ -3 & 3 & 7 \end{pmatrix}^2 + 2\begin{pmatrix} 0 & -1 & 2 \\ 0 & -1 & 0 \\ -1 & 1 & 3 \end{pmatrix} + \begin{pmatrix} 1 & 0 & 0 \\ 0 & 1 & 0 \\ 0 & 0 & 1 \end{pmatrix}\right] = \begin{pmatrix} \frac{3}{2} & -\frac{5}{2} & -1 \\ 0 & -1 & 0 \\ \frac{1}{2} & -\frac{1}{2} & 0 \end{pmatrix}.$$

Ejercicios propuestos

P4.1 Para cada una de las siguientes matrices, hállese una matriz diagonal semejante si existe:

$$\mathbf{A}_1 = \begin{pmatrix} 1 & 1 \\ 3 & -1 \end{pmatrix}; \quad \mathbf{A}_2 = \begin{pmatrix} 2 & 0 & 0 \\ 3 & 1 & 0 \\ -1 & 0 & 1 \end{pmatrix}; \quad \mathbf{A}_3 = \begin{pmatrix} 1 & 1 & 1 \\ 0 & 1 & 1 \\ 0 & 0 & 1 \end{pmatrix} \text{ y } \mathbf{A}_4 = \begin{pmatrix} 1 & -1 & -2 \\ 0 & 3 & 2 \\ 0 & 6 & 4 \end{pmatrix}$$

P4.2 Las siguientes matrices

$$\mathbf{A}_1 = \begin{pmatrix} 0 & 2 & -2 \\ -1 & 3 & 1 \\ -3 & 3 & 1 \end{pmatrix}; \quad \mathbf{A}_2 = \begin{pmatrix} 1 & 0 & 0 \\ 0 & 1 & 0 \\ 3 & 1 & 2 \end{pmatrix}; \quad \mathbf{A}_3 = \begin{pmatrix} 1 & -3 & 3 \\ 3 & -5 & 3 \\ 6 & -6 & 4 \end{pmatrix};$$

$$\mathbf{A}_4 = \begin{pmatrix} -3 & 1 & -1 \\ -7 & 5 & -1 \\ -6 & 6 & -2 \end{pmatrix}; \quad \mathbf{A}_5 = \begin{pmatrix} 2 & 1 & 0 \\ 0 & 1 & -1 \\ 0 & 2 & 4 \end{pmatrix}; \quad \mathbf{A}_6 = \begin{pmatrix} 1 & 3 & 4 \\ 3 & 1 & 0 \\ 4 & 0 & 1 \end{pmatrix};$$

$$\mathbf{A}_7 = \begin{pmatrix} -1 & 0 & 0 & 0 \\ 1 & -2 & 1 & 0 \\ 1 & -2 & 0 & 0 \\ 0 & 0 & 0 & 1 \end{pmatrix}$$

representan endomorfismos de $\mathbb{R}^3$. Para cada una de ellas calcúlense valores y vectores propios, estúdiense si son o no diagonalizables y, en caso afirmativo, hállense las bases en las cuales el endomorfismo tiene su expresión diagonal, así como la matriz de paso.

P4.3 Sea $f\colon \mathbb{R}^3 \to \mathbb{R}^3$ una aplicación lineal cuya matriz respecto a la base canónica es

$$\mathbf{A} = \begin{pmatrix} 4 & -3 & -2 \\ 2 & -1 & -2 \\ 3 & -3 & -1 \end{pmatrix}.$$

(a) Hállese una base de $\mathbb{R}^3$ respecto a la cual la matriz asociada a la aplicación lineal sea diagonal.

(b) Encuéntrese la imagen del vector (1, 0, –1) respecto a la nueva base.

P4.4 Sea f el endomorfismo de $\mathbb{R}^3$ definido por $f(x, y, z) = (x, y - z, 0)$. ¿Puede diagonalizarse la matriz de f? En caso afirmativo, determine una base de $\mathbb{R}^3$ respecto a la cual f tenga matriz diagonal.

P4.5 Determínese un endomorfismo f de $\mathbb{R}^3$ sabiendo que su imagen está engendrada por los vectores (0, 1, −1) y (2, 1, 1), que el 0 es valor propio de f, y que el subespacio propio asociado a 0 está engendrado por el vector (0, 1, 1). Hállese, si es posible, una base de $\mathbb{R}^3$ en la cual la expresión matricial de f sea una matriz diagonal.

P4.6 Dado el endomorfismo $f: \mathbb{R}^3 \to \mathbb{R}^3$, $f(x, y, z) = (2x + y + z, 2y, -y + z)$, encuéntrese, si es posible, una base de $\mathbb{R}^3$ en la cual la expresión matricial de f sea una matriz diagonal.

P4.7 Sea $f(x, y, z) = (z, 7x - 4y, x)$ un endomorfismo sobre $\mathbb{R}^3$, referido a la base canónica. Se pide:

(a) Hallar el núcleo y la imagen de f.

(b) Clasificar f.

(c) Hallar una base de $\mathbb{R}^3$ formada por autovectores de f.

(d) Calcular $\mathbf{A}^n$ siendo $\mathbf{A}$ la matriz de la aplicación.

P4.8 Sea f un endomorfismo sobre $\mathbb{R}^3$, definido por la matriz $\mathbf{A} = \begin{pmatrix} 1 & -1 & -3 \\ 2 & 4 & 3 \\ 0 & 0 & 3 \end{pmatrix}$ y referido a la base $B = \{(0, 0, 1); (0, 1, 1); (-1, 0, 1)\}$. Se pide:

(a) Diagonalícese la matriz $\mathbf{A}$.

(b) Hállese una base de $\mathbb{R}^3$ formada por autovectores de f.

(c) Calcúlese la matriz de cambio de base.

P4.9 Sea una aplicación lineal $f: \mathbb{R}^3 \to \mathbb{R}^3$. Consideremos la base canónica en $\mathbb{R}^3$ y f, tal que $f(x, y, z) = (x + 2y + 2z, x + 2y - z, -x + y + 4z)$. Hállese la potencia n-ésima de la matriz del endomorfismo f.

P4.10 Dada $\begin{pmatrix} 1 & 3 \\ c & d \end{pmatrix}$. Calcúlese c y d si $\lambda_1 = 1$ y $\lambda_2 = 5$ son autovalores.

P4.11 Estúdiese para qué valores reales de α la matriz $\mathbf{A}$ es diagonalizable, y en los casos en que lo sea, encuentre su forma diagonal, Λ, y una matriz $\mathbf{P}$ tal que $\mathbf{P}^{-1}\mathbf{AP} = \Lambda$, siendo

$$\mathbf{A} = \begin{pmatrix} 1 & -2 & -2-\alpha \\ 0 & 1 & \alpha \\ 0 & 0 & 1 \end{pmatrix}.$$

P4.12 Si $\dim(S) = 3$ y $B = \{\vec{\mathbf{u}}, \vec{\mathbf{v}}, \vec{\mathbf{w}}\}$ es una base de S tal que

$$f(\vec{\mathbf{u}}) = \vec{\mathbf{u}} - \vec{\mathbf{w}} \;; \quad f(\vec{\mathbf{v}}) = \vec{\mathbf{v}} - 2\vec{\mathbf{w}} \quad \text{y} \quad f(\vec{\mathbf{w}}) = \vec{\mathbf{0}}$$

determínese una base B' de S respecto de la cual la matriz de f sea diagonal.

P4.13 Demuéstrese que una matriz $\mathbf{A}$ y su traspuesta $\mathbf{A}^t$ tienen el mismo polinomio característico.

P4.14 Calcúlese, aplicando el teorema de Cayley-Hamilton, la inversa de la matriz

$$\mathbf{A} = \begin{pmatrix} 1 & 2 & 0 \\ -1 & 3 & 1 \\ 0 & 1 & 1 \end{pmatrix}.$$

P4.15 Sea $B = \{\vec{\mathbf{e}}_1, \vec{\mathbf{e}}_2, \vec{\mathbf{e}}_3\}$ una base de $\mathbb{R}^3$ y $\mathbf{A}$ la matriz de un endomorfismo referida a esa base. En dicho endomorfismo, los subespacios

$$S_1 \equiv x + y + z = 0 \quad \text{y} \quad S_2 = \begin{cases} x - y = 0 \\ x - z = 0 \end{cases}$$

están asociados, respectivamente, a los autovalores $\lambda_1 = 1$ y $\lambda_2 = \frac{1}{2}\cdot$ Diagonalícese la matriz $\mathbf{A}$.

P4.16 Dada la matriz $\mathbf{A} = \begin{pmatrix} 3 & -2 & 0 \\ -2 & 3 & 0 \\ 0 & 0 & 5 \end{pmatrix}$:

(a) Determínense los valores propios de $\mathbf{A}$.

(b) Hállense los subespacios característicos asociados a cada valor propio.

P4.17 Dada una matriz $\mathbf{A} = \begin{pmatrix} 3 & -2 & 0 \\ -2 & 3 & 0 \\ 0 & 0 & 5 \end{pmatrix}$:

(a) ¿Es $\mathbf{A}$ diagonalizable?

(b) Determínese una matriz diagonal similar a $\mathbf{A}$.

P4.18 Dada la matriz $\mathbf{A} = \begin{pmatrix} -3 & 2 \\ -2 & 1 \end{pmatrix}$:

(a) ¿Es diagonalizable?

(b) Si lo es, determínese una matriz diagonal similar a **A**.

P4.19 Dada la matriz $\mathbf{A} = \begin{pmatrix} 2 & 1 & 0 \\ 3 & 2 & 0 \\ 0 & 0 & 4 \end{pmatrix}$:

(a) Determínense los valores propios de **A**.

(b) Usando el apartado anterior, razónese si esta matriz es diagonalizable.

P4.20 Dada la matriz $\mathbf{A} = \begin{pmatrix} 5 & -6 & -6 \\ -1 & 4 & 2 \\ 3 & -6 & -4 \end{pmatrix}$, encuéntrese una matriz **P** que diagonalice a **A**.

P4.21 Dada la matriz $\mathbf{A} = \begin{pmatrix} 1 & 0 & -2 \\ 0 & 0 & 0 \\ -2 & 0 & 4 \end{pmatrix}$

(a) Calcúlense los valores propios de **A**.

(b) ¿Es **A** diagonalizable?

(c) ¿Se verifica que valores propios no distintos entre sí implica que **A** no es diagonalizable?

(d) Si **A** es diagonalizable, encuéntrese una matriz **P** que diagonalice a **A**.

P4.22 Por medio de un ejemplo, demuestre que si λ_i es valor propio del endomorfismo f_i con $i = 1, 2$ entonces no es necesariamente cierto que $\lambda_1 + \lambda_2$ es valor propio del endomorfismo $f_1 + f_2$.

P4.23 Diagonalice la aplicación lineal en $\mathbb{R}^3$ definida por

$$f(x, y, z) = (8x + 9y + 9z,\ 3x + 2y + 3z,\ -9x - 9y - 10z).$$

P4.24 Por cálculo directo, verifique que se cumple el teorema de Cayley-Hamilton para matrices de orden 2×2.

P4.25 Sea $f\colon \mathbb{R}^3 \to \mathbb{R}^3$ un endomorfismo. Se sabe que $B = \{(1, 1, 0); (1, 0, 1)\}$ es base del núcleo de f y que $f(0, 2, 1) = (1, 1, 0)$. Se pide:

(a) Autovalores y subespacios propios del endomorfismo.

(b) Diagonalice el endomorfismo.

(c) Clasifique el endomorfismo.

(d) Calcule la matriz asociada al endomorfismo f^n .

CAPÍTULO 5

Formas bilineales

Nociones teóricas

En un espacio euclídeo hay tres tipos de formas algebraicas:

- Formas lineales.
- Formas bilineales.
- Formas cuadráticas.

FORMA LINEAL

Es $f: \mathbb{V} \to \mathbb{R}$ aplicación lineal (habitualmente $\mathbb{V} = \mathbb{R}^n$).

ESPACIO DUAL

Es el conjunto $\mathbb{V}^* = \{f: \mathbb{V} \to \mathbb{R}/f \text{ es forma lineal}\}$.

FORMA BILINEAL

Se llama forma bilineal a $\varphi: \mathbb{R}^n \times \mathbb{R}^n \to \mathbb{R}$ que es lineal respecto a las dos variables, es decir, que cumple las propiedades:

1. $\varphi(\vec{\mathbf{x}}_1+\vec{\mathbf{x}}_2, \vec{\mathbf{y}}) = \varphi(\vec{\mathbf{x}}_1, \vec{\mathbf{y}}) + \varphi(\vec{\mathbf{x}}_2, \vec{\mathbf{y}})$.
2. $\varphi(k\cdot\vec{\mathbf{x}}, \vec{\mathbf{y}}) = k\cdot\varphi(\vec{\mathbf{x}}, \vec{\mathbf{y}})$.
3. $\varphi(\vec{\mathbf{x}}, \vec{\mathbf{y}}_1+\vec{\mathbf{y}}_2) = \varphi(\vec{\mathbf{x}}, \vec{\mathbf{y}}_1) + \varphi(\vec{\mathbf{x}}, \vec{\mathbf{y}}_2)$.
4. $\varphi(\vec{\mathbf{x}}, k\cdot\vec{\mathbf{y}}) = k\cdot\varphi(\vec{\mathbf{x}}, \vec{\mathbf{y}})$.

Expresión polinómica

$$\varphi(\vec{\mathbf{x}}, \vec{\mathbf{y}}) = \sum_{i,j=1}^{n} a_{ij}\vec{\mathbf{x}}_i\vec{\mathbf{y}}_j .$$

Expresión matricial

$$\varphi(\vec{\mathbf{x}}, \vec{\mathbf{y}}) = \mathbf{X}^t\cdot\mathbf{A}\cdot\mathbf{Y}$$

siendo **X** e **Y** matrices columna y **A** matriz $n\times n$.

Cambio de base en una forma bilineal

Análogamente a lo que ocurre en las aplicaciones lineales, la matriz **A** determina la forma bilineal para una base concreta fijada de antemano. Si cambiamos de base cambia la matriz.

Sean B_1 y B_2 bases de $\mathbb{R}^n$, entonces la matriz de cambio de base de B_1 a B_2 es, como vimos en el capítulo 3, $\mathbf{C}=\mathbf{B}_2^{-1}\cdot\mathbf{B}_1$.

Suponemos que para la base B_1, la matriz asociada a la forma bilineal es $\mathbf{A}_1$, es decir, $\varphi(\vec{\mathbf{x}}, \vec{\mathbf{y}}) = \mathbf{X}^t\cdot\mathbf{A}_1\cdot\mathbf{Y}$ y que para la base B_2, la matriz asociada a la forma bilineal es $\mathbf{A}_2$, es decir, $\varphi(\vec{\mathbf{z}}, \vec{\mathbf{t}}) = \mathbf{Z}^t\cdot\mathbf{A}_2\cdot\mathbf{T}$, donde $\mathbf{Z}=\mathbf{C}\cdot\mathbf{X}$ y $\mathbf{T}=\mathbf{C}\cdot\mathbf{Y}$. Entonces, operando, obtenemos

$$\varphi(\vec{\mathbf{z}}, \vec{\mathbf{t}}) = (\mathbf{C}\cdot\mathbf{X})^t\cdot\mathbf{A}_2\cdot(\mathbf{C}\cdot\mathbf{Y}) = \mathbf{X}^t\cdot\mathbf{C}^t\cdot\mathbf{A}_2\cdot\mathbf{C}\cdot\mathbf{Y},$$

luego la relación entre las matrices es

$$\mathbf{A}_1 = \mathbf{C}^t\cdot\mathbf{A}_2\cdot\mathbf{C}.$$

Forma bilineal simétrica

Se dice que φ es forma bilineal simétrica si $\varphi(\vec{\mathbf{x}}, \vec{\mathbf{y}}) = \varphi(\vec{\mathbf{y}}, \vec{\mathbf{x}}),\ \forall\vec{\mathbf{x}}, \vec{\mathbf{y}}\in\mathbb{R}^n$. En este caso, su matriz asociada es simétrica.

Producto escalar

Es una forma bilineal simétrica $\varphi: \mathbb{R}^n \times \mathbb{R}^n \to \mathbb{R}$ que cumple, además, las siguientes propiedades:

1. $\varphi(\vec{\mathbf{x}}, \vec{\mathbf{x}}) \geq 0 \quad \forall \vec{\mathbf{x}} \in \mathbb{R}^n$.
2. $\varphi(\vec{\mathbf{x}}, \vec{\mathbf{x}}) = 0 \Leftrightarrow \vec{\mathbf{x}} = \vec{\mathbf{0}}$.

Si φ es producto escalar, se representa $\varphi(\vec{\mathbf{x}}, \vec{\mathbf{y}}) = \langle x, y \rangle$.

ESPACIO EUCLÍDEO

Considérese el espacio vectorial $\mathbb{R}^n$; si en él está definido un producto escalar, se dice que $(\mathbb{R}^n, \langle\ \rangle)$ es espacio euclídeo.

Se trata de la estructura algebraica más fuerte estudiada hasta ahora, la cual nos permitirá estudiar distancias, ángulos, etc.

NORMA O MÓDULO DE UN VECTOR

Se llama norma o módulo de un vector $\vec{\mathbf{x}} \in \mathbb{R}^n$ al número real

$$\|\vec{\mathbf{x}}\| = \langle \vec{\mathbf{x}}, \vec{\mathbf{x}} \rangle^{\frac{1}{2}} = \sqrt{\langle \vec{\mathbf{x}}, \vec{\mathbf{x}} \rangle}.$$

Propiedades

1. $\|\vec{\mathbf{x}}\| \geq 0, \quad \forall \vec{\mathbf{x}} \in \mathbb{R}^n$.
2. $\|\vec{\mathbf{x}}\| = 0 \Leftrightarrow \vec{\mathbf{x}} = \vec{\mathbf{0}}$.
3. $\|k \cdot \vec{\mathbf{x}}\| = |k| \cdot \|\vec{\mathbf{x}}\|, \quad \forall k \in \mathbb{R}, \vec{\mathbf{x}} \in \mathbb{R}^n$.
4. Desigualdad triangular: $\|\vec{\mathbf{x}} + \vec{\mathbf{y}}\| \leq \|\vec{\mathbf{x}}\| + \|\vec{\mathbf{y}}\|, \quad \forall \vec{\mathbf{x}}, \vec{\mathbf{y}} \in \mathbb{R}^n$.
5. Desigualdad de Cauchy-Schwartz: $|\langle \vec{\mathbf{x}}, \vec{\mathbf{y}} \rangle| \leq \|\vec{\mathbf{x}}\| \cdot \|\vec{\mathbf{y}}\|, \quad \forall \vec{\mathbf{x}}, \vec{\mathbf{y}} \in \mathbb{R}^n$.

Observación. Hay muchos productos escalares diferentes en $\mathbb{R}^n$, siendo el producto escalar usual el que lleva asociada, en la base canónica, la matriz identidad **I**. La norma asociada a dicho producto escalar se llama norma usual.

VECTORES ORTOGONALES

Se dice que $\vec{\mathbf{x}}, \vec{\mathbf{y}} \in \mathbb{R}^n$ son vectores ortogonales si $\langle \vec{\mathbf{x}}, \vec{\mathbf{y}} \rangle = 0$. Se representa también $\vec{\mathbf{x}} \perp \vec{\mathbf{y}}$.

Observación. $\vec{\mathbf{x}} \perp \vec{\mathbf{y}}$ es también equivalente a $\cos(\vec{\mathbf{x}}, \vec{\mathbf{y}}) = 0$ si $\|\vec{\mathbf{x}}\| \neq 0$ y $\|\vec{\mathbf{y}}\| \neq 0$.

SUBESPACIOS ORTOGONALES

Dados S_1 y S_2 subespacios vectoriales de $\mathbb{R}^n$, se dice que son ortogonales si $\langle \vec{\mathbf{x}}, \vec{\mathbf{y}} \rangle = 0$ $\forall \vec{\mathbf{x}} \in S_1, \forall \vec{\mathbf{y}} \in S_2$. Se representa por $S_1 \perp S_2$.

COMPLEMENTO ORTOGONAL DE UN SUBESPACIO

Dado S subespacio vectorial de $\mathbb{R}^n$ se llama complemento ortogonal de S a $S^{\perp} = \left\{ \vec{\mathbf{y}} \in \mathbb{R}^n / \langle \vec{\mathbf{x}}, \vec{\mathbf{y}} \rangle = 0 \ \ \forall \vec{\mathbf{x}} \in S \right\}$.

Se cumple $\dim(S) + \dim(S^{\perp}) = n$.

Método para obtener $S^{\perp}$

Supongamos que el subespacio S es $S = L\{\vec{\mathbf{v}}_1, \vec{\mathbf{v}}_2, \ldots, \vec{\mathbf{v}}_m\}$. Entonces $S^{\perp}$ se calcula como solución del sistema homogéneo de m ecuaciones con n incógnitas dado por

$$\begin{cases} \langle \vec{\mathbf{v}}_1, \vec{\mathbf{x}} \rangle = 0 \\ \quad \cdots \\ \langle \vec{\mathbf{v}}_m, \vec{\mathbf{x}} \rangle = 0 \end{cases}$$

BASE ORTOGONAL

Se dice que la base $B = \{\vec{\mathbf{v}}_1, \vec{\mathbf{v}}_2, \ldots, \vec{\mathbf{v}}_n\}$ de $\mathbb{R}^n$ es base ortogonal si todos sus vectores son ortogonales dos a dos.

BASE ORTONORMAL

Se dice que la base $B = \{\vec{\mathbf{v}}_1, \vec{\mathbf{v}}_2, \ldots, \vec{\mathbf{v}}_n\}$ de $\mathbb{R}^n$ es base ortonormal si todos sus vectores son ortogonales dos a dos y, a la vez, unitarios.

Si $B = \{\vec{\mathbf{v}}_1, \vec{\mathbf{v}}_2, \ldots, \vec{\mathbf{v}}_n\}$ es base ortonormal, entonces

$$\langle \vec{\mathbf{v}}_i, \vec{\mathbf{v}}_j \rangle = \delta_{ij} = \begin{cases} 0 & \text{si } i \neq j \\ 1 & \text{si } i = j \end{cases}$$

conocida como *Delta de Kronecker*.

Un ejemplo de base ortonormal es la base canónica.

PROCESO DE ORTONORMALIZACIÓN DE GRAM-SCHMIDT

Dada una base $B = \{\vec{\mathbf{v}}_1, \vec{\mathbf{v}}_2, \ldots, \vec{\mathbf{v}}_m\}$ de un subespacio S de $\mathbb{R}^n$ es posible encontrar, a partir de ella, una base ortonormal de S. Para ello, debemos encontrar m vectores $\{\vec{\mathbf{u}}_1, \vec{\mathbf{u}}_2, \ldots, \vec{\mathbf{u}}_m\}$, tales que $\mathscr{L}\{\vec{\mathbf{v}}_1, \vec{\mathbf{v}}_2, \ldots, \vec{\mathbf{v}}_m\} = \mathscr{L}\{\vec{\mathbf{u}}_1, \vec{\mathbf{u}}_2, \ldots, \vec{\mathbf{u}}_m\}$, que sean ortogonales dos a dos y unitarios.

Tomando $\vec{\mathbf{v}}_1$ y normalizando tenemos $\vec{\mathbf{u}}_1 = \dfrac{\vec{\mathbf{v}}_1}{\|\vec{\mathbf{v}}_1\|}$.

Tomando ahora $\vec{\mathbf{v}}_2$, debemos encontrar un vector que sea ortogonal a $\vec{\mathbf{u}}_1$ y c.l. de $\vec{\mathbf{v}}_1$ y $\vec{\mathbf{v}}_2$. Para conseguir estas condiciones tomamos

$$\vec{\mathbf{y}}_2 = \vec{\mathbf{v}}_2 - \langle \vec{\mathbf{v}}_2, \vec{\mathbf{u}}_1 \rangle \vec{\mathbf{u}}_1$$

Este vector cumple ambas condiciones ya que es c.l. de $\vec{\mathbf{v}}_1$ y $\vec{\mathbf{v}}_2$ puesto que lo es de $\vec{\mathbf{u}}_1$ y $\vec{\mathbf{v}}_2$, pero $\vec{\mathbf{u}}_1$ y $\vec{\mathbf{v}}_1$ son proporcionales.

También es ortogonal a $\vec{\mathbf{u}}_1$ puesto que

$$\begin{aligned} \langle \vec{\mathbf{y}}_2, \vec{\mathbf{u}}_1 \rangle &= \langle \vec{\mathbf{v}}_2 - \langle \vec{\mathbf{v}}_2, \vec{\mathbf{u}}_1 \rangle \vec{\mathbf{u}}_1, \vec{\mathbf{u}}_1 \rangle = \\ &= \langle \vec{\mathbf{v}}_2, \vec{\mathbf{u}}_1 \rangle - \langle \vec{\mathbf{v}}_2, \vec{\mathbf{u}}_1 \rangle \langle \vec{\mathbf{u}}_1, \vec{\mathbf{u}}_1 \rangle = \\ &= \langle \vec{\mathbf{v}}_2, \vec{\mathbf{u}}_1 \rangle - \langle \vec{\mathbf{v}}_2, \vec{\mathbf{u}}_1 \rangle = 0 \end{aligned}$$

ya que

$$\langle \vec{\mathbf{u}}_1, \vec{\mathbf{u}}_1 \rangle = \|\vec{\mathbf{u}}_1\|^2 = 1^2 = 1,$$

por ser $\vec{\mathbf{u}}_1$ unitario.

Ahora tomamos un vector proporcional a éste que sea unitario, es decir, tomamos $\vec{\mathbf{u}}_2 = \dfrac{\vec{\mathbf{y}}_2}{\|\vec{\mathbf{y}}_2\|}$.

Si cogemos ahora $\vec{\mathbf{v}}_3$, debemos encontrar un vector que sea ortogonal a $\vec{\mathbf{u}}_1$ y $\vec{\mathbf{u}}_2$, y c.l. de $\vec{\mathbf{v}}_1$, $\vec{\mathbf{v}}_2$ y $\vec{\mathbf{v}}_3$. Para conseguir estas condiciones tomamos $\vec{\mathbf{y}}_3 = \vec{\mathbf{v}}_3 - \langle \vec{\mathbf{v}}_3, \vec{\mathbf{u}}_2 \rangle \vec{\mathbf{u}}_2 - \langle \vec{\mathbf{v}}_3, \vec{\mathbf{u}}_1 \rangle \vec{\mathbf{u}}_1$ y para que sea unitario $\vec{\mathbf{u}}_3 = \dfrac{\vec{\mathbf{y}}_3}{\|\vec{\mathbf{y}}_3\|}$.

Y así sucesivamente.

MATRICES ORTOGONALES

Una matriz **C** es ortogonal si $\mathbf{C}^t = \mathbf{C}^{-1}$. También, de forma equivalente, si $\mathbf{C}^t \cdot \mathbf{C} = \mathbf{I}$.

Propiedades

1. El determinante de una matriz ortogonal siempre vale 1 o –1.
2. Las columnas (filas) de una matriz ortogonal representan vectores ortonormales.
3. El producto de matrices ortogonales es matriz ortogonal.
4. La inversa de una matriz ortogonal es ortogonal.
5. Las matrices asociadas a cambios de bases ortonormales son ortogonales.

Ejercicios resueltos

Ejercicio 5.1 **Consideremos las siguientes matrices asociadas a formas bilineales:**

$$\mathbf{A}_1 = \begin{pmatrix} 1 & 2 \\ 3 & -1 \end{pmatrix}; \quad \mathbf{A}_2 = \begin{pmatrix} 2 & 1 \\ 1 & 3 \end{pmatrix}; \quad \mathbf{A}_3 = \begin{pmatrix} 1 & 0 & 1 \\ 2 & -1 & 1 \\ 1 & 3 & 0 \end{pmatrix} \text{ y } \mathbf{A}_4 = \begin{pmatrix} 1 & -1 & 1 \\ -1 & 2 & 1 \\ 1 & 1 & 2 \end{pmatrix}$$

(a) ¿Cuáles de ellas son simétricas?

(b) Exprese cada una de ellas en forma matricial y polinómica.

SOLUCIÓN

(a) Para que la forma bilineal sea simétrica debe de serlo su matriz asociada, por tanto, son formas bilineales simétricas las asociadas a las matrices $\mathbf{A}_2$ y $\mathbf{A}_4$ y no lo son las formas bilineales asociadas a $\mathbf{A}_1$ y $\mathbf{A}_3$.

(b) Veamos, para cada una de las formas bilineales, su forma matricial y polinómica.

1. Forma matricial de φ_1: $\varphi_1(\vec{\mathbf{x}}, \vec{\mathbf{y}}) = \mathbf{X}^t \cdot \mathbf{A}_1 \cdot \mathbf{Y} = (x_1, x_2) \begin{pmatrix} 1 & 2 \\ 3 & -1 \end{pmatrix} \begin{pmatrix} y_1 \\ y_2 \end{pmatrix}$

   Forma polinómica de φ_1: $\varphi_1(\vec{\mathbf{x}}, \vec{\mathbf{y}}) = x_1y_1 + 2x_1y_2 + 3x_2y_1 - x_2y_2$.

2. Forma matricial de φ_2: $\varphi_2(\vec{\mathbf{x}}, \vec{\mathbf{y}}) = \mathbf{X}^t \cdot \mathbf{A}_1 \cdot \mathbf{Y} = (x_1, x_2) \begin{pmatrix} 2 & 1 \\ 1 & 3 \end{pmatrix} \begin{pmatrix} y_1 \\ y_2 \end{pmatrix}$

   Forma polinómica de φ_2: $\varphi_2(\vec{\mathbf{x}}, \vec{\mathbf{y}}) = 2x_1y_1 + x_1y_2 + x_2y_1 + 3x_2y_2$

3. Forma matricial de φ_3: $\varphi_3(\vec{\mathbf{x}}, \vec{\mathbf{y}}) = \mathbf{X}^t \cdot \mathbf{A}_1 \cdot \mathbf{Y} = (x_1, x_2, x_3) \begin{pmatrix} 1 & 0 & 1 \\ 2 & -1 & 1 \\ 1 & 3 & 0 \end{pmatrix} \begin{pmatrix} y_1 \\ y_2 \\ y_3 \end{pmatrix}$

   Forma polinómica de φ_3: $\varphi_3(\vec{\mathbf{x}}, \vec{\mathbf{y}}) = x_1y_1 + x_1y_3 + 2x_2y_1 - x_2y_2 + x_2y_3 + x_3y_1 + 3x_1y_2$

4. Forma matricial de φ_4: $\varphi_4(\vec{\mathbf{x}}, \vec{\mathbf{y}}) = \mathbf{X}^t \cdot \mathbf{A}_1 \cdot \mathbf{Y} = (x_1, x_2, x_3) \begin{pmatrix} 1 & 0 & 1 \\ -1 & -1 & 1 \\ 1 & 3 & 0 \end{pmatrix} \begin{pmatrix} y_1 \\ y_2 \\ y_3 \end{pmatrix}$

   Forma polinómica de φ_4: $\varphi_4(\vec{\mathbf{x}}, \vec{\mathbf{y}}) = x_1y_1 - x_1y_2 + x_1y_3 - x_2y_1 + 2x_2y_2 + x_2y_3 + x_3y_1 + x_3y_2 + 2x_3y_3$

Ejercicio 5.2 **Demuéstrese que** $\langle \vec{\mathbf{v}}, \vec{\mathbf{u}} \rangle = 0, \quad \forall \vec{\mathbf{v}} \in \mathbb{R}^n \Leftrightarrow \vec{\mathbf{u}} = \vec{\mathbf{0}}$.

SOLUCIÓN

Para demostrar una equivalencia debemos demostrar cada uno de los dos sentidos de la implicación.

Demostremos, en primer lugar, el sentido izquierdo ($\Leftarrow$) que es más sencillo:

Si $\vec{\mathbf{u}} = \vec{\mathbf{0}}$, evidentemente $\langle \vec{\mathbf{v}}, \vec{\mathbf{0}} \rangle = 0, \quad \forall \vec{\mathbf{v}} \in \mathbb{R}^n$.

Para demostrar el sentido derecho ($\Rightarrow$) procedemos por reducción al absurdo. Supongamos que no se cumple la condición llegando a una situación absurda, o a una contradicción.

Si la condición no se cumple es porque existe $\vec{\mathbf{u}} \neq \vec{\mathbf{0}}$ tal que $\langle \vec{\mathbf{v}}, \vec{\mathbf{u}} \rangle = 0, \quad \forall \vec{\mathbf{v}} \in \mathbb{R}^n$, entonces tomando $\vec{\mathbf{v}} = \vec{\mathbf{u}}$ obtenemos $\langle \vec{\mathbf{u}}, \vec{\mathbf{u}} \rangle = 0$ y entonces $\|\vec{\mathbf{u}}\| = 0$, por tanto $\vec{\mathbf{u}} = \vec{\mathbf{0}}$, en contra de $\vec{\mathbf{u}} \neq \vec{\mathbf{0}}$ como habíamos supuesto.

Ejercicio 5.3 **Dada la forma bilineal** $\varphi\colon \mathbb{R}^2 \times \mathbb{R}^2 \to \mathbb{R}$, **la base canónica de** $\mathbb{R}^2$, $B_1 = \{\vec{\mathrm{e}}_1, \vec{\mathrm{e}}_2\}$, **para la que conocemos** $\varphi(\vec{\mathrm{e}}_1, \vec{\mathrm{e}}_1) = 1$, $\varphi(\vec{\mathrm{e}}_1, \vec{\mathrm{e}}_2) = 2$, $\varphi(\vec{\mathrm{e}}_2, \vec{\mathrm{e}}_1) = -1$ **y** $\varphi(\vec{\mathrm{e}}_2, \vec{\mathrm{e}}_2) = 1$ **y la base de** $\mathbb{R}^2$, $B_2 = \{(1, 1); (1, 0)\}$.

(a) **Exprese** φ **matricial y polinómicamente respecto a** $B_1 = \{\vec{\mathrm{e}}_1, \vec{\mathrm{e}}_2\}$.

(b) **Análogamente respecto a** $B_2 = \{(1, 1); (1, 0)\}$.

(c) **Dados** $\vec{\mathbf{x}} = \vec{\mathrm{e}}_1 + 3\vec{\mathrm{e}}_2$, $\vec{\mathbf{y}} = 2\vec{\mathrm{e}}_1 - \vec{\mathrm{e}}_2$, **calcule las coordenadas de dichos vectores respecto a** B_2.

(d) **Calcule** $\varphi(\vec{\mathbf{x}}, \vec{\mathbf{y}})$ **respecto a** B_2 **y** B_2 **y compruebe los resultados.**

SOLUCIÓN

(a) La matriz que define φ con respecto a B_1 viene determinada por las imágenes de la base canónica y será, por tanto, $\mathbf{A}_1 = \begin{pmatrix} 1 & 2 \\ -1 & 1 \end{pmatrix}$. Luego, la forma matricial será

$$\varphi(\vec{\mathbf{x}}, \vec{\mathbf{y}}) = \mathbf{X}^t \cdot \mathbf{A}_1 \cdot \mathbf{Y} = (x_1 \ x_2) \begin{pmatrix} 1 & 2 \\ -1 & 1 \end{pmatrix} \begin{pmatrix} y_1 \\ y_2 \end{pmatrix}$$

y la forma polinómica

$$\varphi(\vec{\mathbf{x}}, \vec{\mathbf{y}}) = x_1 y_1 + 2x_1 y_2 - x_2 y_1 + x_2 y_2 .$$

(b) La matriz de cambio de base de B_1 a B_2 es

$$\mathbf{C} = \mathbf{B}_2^{-1} \cdot \mathbf{B}_1 = \begin{pmatrix} 1 & 1 \\ 1 & 0 \end{pmatrix}^{-1} \cdot \begin{pmatrix} 1 & 0 \\ 0 & 1 \end{pmatrix} = \begin{pmatrix} 0 & 1 \\ 1 & -1 \end{pmatrix}$$

Por lo tanto la matriz asociada a la base B_2, la calculamos a través de la expresión $\mathbf{A}_1 = \mathbf{C}^t \cdot \mathbf{A}_2 \cdot \mathbf{C}$, que operando con matrices, nos resulta $\mathbf{A}_2 = (\mathbf{C}^t)^{-1} \cdot \mathbf{A}_1 \cdot \mathbf{C}^{-1}$. Calculando $(\mathbf{C}^t)^{-1} = \begin{pmatrix} 0 & 1 \\ 1 & -1 \end{pmatrix}^{-1} = \begin{pmatrix} 1 & 1 \\ 1 & 0 \end{pmatrix}$ y $\mathbf{C}^{-1} = \begin{pmatrix} 0 & 1 \\ 1 & -1 \end{pmatrix}^{-1} = \begin{pmatrix} 1 & 1 \\ 1 & 0 \end{pmatrix}$,

entonces

$$\mathbf{A}_2 = \begin{pmatrix} 1 & 1 \\ 1 & 0 \end{pmatrix} \cdot \begin{pmatrix} 1 & 2 \\ -1 & 1 \end{pmatrix} \cdot \begin{pmatrix} 1 & 1 \\ 1 & 0 \end{pmatrix} = \begin{pmatrix} 3 & 0 \\ 3 & 1 \end{pmatrix}.$$

Luego la forma matricial, asociada a la base B_2 será

$$\varphi(\vec{\mathbf{x}}, \vec{\mathbf{y}}) = \mathbf{X}^t \cdot \mathbf{A}_1 \cdot \mathbf{Y} = (x_1 \; x_2) \begin{pmatrix} 3 & 0 \\ 3 & 1 \end{pmatrix} \begin{pmatrix} y_1 \\ y_2 \end{pmatrix}$$

y la forma polinómica

$$\varphi(\vec{\mathbf{x}}, \vec{\mathbf{y}}) = 3x_1y_1 + 3x_2y_1 + x_2y_2 .$$

(c) Las coordenadas de $\vec{\mathbf{x}}, \vec{\mathbf{y}}$ respecto a la base B_2 podemos calcularlas utilizando la matriz del cambio de base, es decir,

$$\vec{\mathbf{x}} = \mathbf{C} \cdot \mathbf{X} = \begin{pmatrix} 0 & 1 \\ 1 & -1 \end{pmatrix} \cdot \begin{pmatrix} 1 \\ 3 \end{pmatrix} = \begin{pmatrix} 3 \\ -2 \end{pmatrix},$$
$$\vec{\mathbf{y}} = \mathbf{C} \cdot \mathbf{Y} = \begin{pmatrix} 0 & 1 \\ 1 & -1 \end{pmatrix} \cdot \begin{pmatrix} 2 \\ -1 \end{pmatrix} = \begin{pmatrix} -1 \\ 3 \end{pmatrix}.$$

(d) Calculamos $\varphi(\vec{\mathbf{x}}, \vec{\mathbf{y}})$ para la base B_1

$$\varphi(\vec{\mathbf{x}}, \vec{\mathbf{y}}) = (1 \quad 3) \begin{pmatrix} 1 & 2 \\ -1 & 1 \end{pmatrix} \cdot \begin{pmatrix} 2 \\ -1 \end{pmatrix} = -9$$

Calculamos $\varphi(\vec{\mathbf{x}}, \vec{\mathbf{y}})$ para la base B_2

$$\varphi(\vec{\mathbf{x}}, \vec{\mathbf{y}}) = (3 \quad -2) \begin{pmatrix} 3 & 0 \\ 3 & 1 \end{pmatrix} \cdot \begin{pmatrix} -1 \\ 3 \end{pmatrix} = -9$$

Ejercicio 5.4 **Demuéstrese que $\langle \vec{\mathbf{u}}, \vec{\mathbf{v}} \rangle = x_1y_1x_2y_2$ donde $\vec{\mathbf{u}} = (x_1, y_1)$ y $\vec{\mathbf{v}} = (x_2, y_2)$ no es un producto escalar.**

SOLUCIÓN

Veamos que no se cumplen algunas de las propiedades de la definición de producto escalar. Por ejemplo, para que sea un producto escalar se tiene que cumplir la propiedad $\langle k \cdot \vec{\mathbf{u}}, \vec{\mathbf{v}} \rangle = k \cdot \langle \vec{\mathbf{u}}, \vec{\mathbf{v}} \rangle$, pero si tomamos $k = 2$, $\vec{\mathbf{u}} = (1, 1)$ y $\vec{\mathbf{v}} = (2, 2)$ obtenemos:

$$\langle k \cdot \vec{\mathbf{u}}, \vec{\mathbf{v}} \rangle = \langle 2 \cdot (1, 1), (2, 2) \rangle = \langle (2, 2), (2, 2) \rangle = 2 \cdot 2 \cdot 2 \cdot 2 = 16$$
$$k \cdot \langle \vec{\mathbf{u}}, \vec{\mathbf{v}} \rangle = 2 \cdot \langle (1, 1), (2, 2) \rangle = 2 \cdot 1 \cdot 1 \cdot 2 \cdot 2 = 8$$

luego, no se cumple la propiedad, por lo que no es un producto escalar.

Ejercicio 5.5 **Demuéstrese que $\langle \vec{\mathbf{x}}, \vec{\mathbf{y}} \rangle = x_1 y_1 + x_1 y_2 + x_2 y_1 + x_2 y_2$ es un producto escalar. Calcule $\langle \vec{\mathbf{x}}, \vec{\mathbf{y}} \rangle$ y $\|\vec{\mathbf{x}}\|$ para los vectores $\vec{\mathbf{x}} = (2, 3)$ y $\vec{\mathbf{y}} = (-1, 5)$, así como un vector normal de la misma dirección que $\vec{\mathbf{y}}$.**

SOLUCIÓN

Sabemos que un producto escalar es una forma bilineal simétrica; en este caso, observamos que $\langle \vec{\mathbf{x}}, \vec{\mathbf{y}} \rangle = (x_1 \; x_2) \cdot \begin{pmatrix} 1 & 1 \\ 1 & 1 \end{pmatrix} \cdot \begin{pmatrix} y_1 \\ y_2 \end{pmatrix}$ cumple esta condición, ya que su matriz asociada es simétrica. Además, $\langle \vec{\mathbf{x}}, \vec{\mathbf{x}} \rangle = x_1^2 + x_2^2 + 2x_1 x_2 = (x_1 + x_2)^2$, por lo tanto, también se cumplen las otras dos condiciones

1. $\langle \vec{\mathbf{x}}, \vec{\mathbf{x}} \rangle \geq 0$.
2. $\langle \vec{\mathbf{x}}, \vec{\mathbf{x}} \rangle = 0 \quad \Leftrightarrow \quad \vec{\mathbf{x}} = \vec{\mathbf{0}}$.

Calculamos para este producto escalar:

$$\langle \vec{\mathbf{x}}, \vec{\mathbf{y}} \rangle = \langle (2, 3), (-1, 5) \rangle = -2 + 10 - 3 + 15 = 20$$
$$\|\vec{\mathbf{x}}\| = \sqrt{\langle \vec{\mathbf{x}}, \vec{\mathbf{x}} \rangle} = \sqrt{4 + 6 + 6 + 9} = \sqrt{25} = 5$$

Para calcular un vector de la misma dirección que $\vec{\mathbf{y}}$ pero de norma la unidad, calculamos $\|\vec{\mathbf{y}}\| = \sqrt{\langle \vec{\mathbf{y}}, \vec{\mathbf{y}} \rangle} = \sqrt{1 - 5 - 5 + 25} = \sqrt{16} = 4$ y dividimos a cada componente de $\vec{\mathbf{y}}$ por dicho número, con lo que obtenemos el vector $\left(\frac{-1}{4}, \frac{5}{4} \right)$.

Ejercicio 5.6 **Encuéntrese un vector $\vec{\mathbf{w}} \in \mathbb{R}^3$ que sea ortogonal a $\vec{\mathbf{u}} = (1, 1, 2)$ y $\vec{\mathbf{v}} = (0, 1, 3)$.**

SOLUCIÓN

Si $\vec{\mathbf{w}} = (a, b, c)$, se deberán cumplir las condiciones siguientes:

$$\vec{\mathbf{w}} \perp \vec{\mathbf{u}} \;\Rightarrow\; a + b + 2c = 0$$
$$\vec{\mathbf{w}} \perp \vec{\mathbf{v}} \;\Rightarrow\; b + 3c = 0$$

Luego debemos de resolver el sistema

$$\begin{cases} a+b+2c=0 \\ \quad b+3c=0 \end{cases}$$

sistema compatible indeterminado que tiene, por tanto, infinitas soluciones que, en forma paramétrica, son $a=t$, $b=-3t$ y $c=t$, luego podemos tomar, por ejemplo, $\vec{w}=(-1,3,-1)$.

Ejercicio 5.7 **Sea $S=\mathscr{L}\{(1,2,-1)\}$. Encuentre una base de $S^\perp$.**

SOLUCIÓN

El subespacio $S^\perp$ está formado por todos los vectores que sean ortogonales a *S* que, a su vez, serán todos los vectores ortogonales a una base de *S*. Entonces debemos encontrar todos los vectores ortogonales a (1, 2, –1) que serán los vectores (*a*, *b*, *c*) que cumplan la ecuación $a+2b-c=0$.

La dimensión del subespacio que cumple esta ecuación es 2, ya que es la dimensión del espacio menos el número de ecuaciones independientes.

Para encontrar una base, procedemos de la siguiente manera: sabemos que $c=a+2b$ y, por lo tanto, el vector será

$$(a,b,a+2b)=a(1,0,1)+b(0,1,2).$$

Entonces, una base de $S^\perp$ es $\{(1,0,1);(0,1,2)\}$.

Ejercicio 5.8 **Sea $S=\mathscr{L}\{(1,1,1,1);(1,1,1,0)\}$. Encuéntrese una base de $S^\perp$.**

SOLUCIÓN

El subespacio $S^\perp$ está formado por todos los vectores que ortogonales a *S* que, a su vez, serán todos los vectores ortogonales a una base de *S*. Entonces debemos encontrar todos los vectores ortogonales a (1, 1, 1, 1) y a (1, 1, 1, 0) que serán los vectores (*a*, *b*, *c*, *d*) que cumplan las ecuaciones

$$\begin{cases} a+b+c+d=0 \\ \quad a+b+c=0 \end{cases}.$$

La dimensión del subespacio que cumple dicha condición es 2, ya que es la dimensión del espacio menos el número de ecuaciones independientes.

Las soluciones en función de las variables *b* y *c* son $a=-b-c$ y $d=0$.

Para encontrar una base sustituimos *a* y *d* por sus valores y se obtiene el vector $(-b-c,b,c,0)=b(-1,1,0,0)+c(-1,0,1,0)$ y, por lo tanto, una base de $S^\perp$ será $\{(-1,1,0,0);(-1,0,1,0)\}$.

Ejercicio 5.9 **Sea el espacio euclídeo** $\left(\mathbb{R}^2, \langle\ \rangle\right)$**, donde el producto escalar viene dado por** $\langle \vec{\mathbf{x}}, \vec{\mathbf{y}} \rangle = x_1 y_1 + x_1 y_2 + x_2 y_1 + 2x_2 y_2$ **.**

(a) **La base** $B = \{(1, 0); (0, 1)\}$ **¿es ortogonal en este espacio?**

(b) **¿Es ortonormal?**

(c) **Encuéntrese una base ortogonal de este espacio que contenga al vector** $(1, 1)$**?**

(d) **Encuéntrese una base ortonormal de este espacio.**

SOLUCIÓN

(a) Para que una base sea ortogonal deben de serlo sus vectores dos a dos. Veamos si los dos vectores de B son ortogonales para este producto escalar. Como

$$\langle (1, 0); (0, 1) \rangle = 0 + 1 + 0 + 0 = 1 ,$$

no son ortogonales y por lo tanto la base no es ortogonal.

(b) La base no es ortonormal, ya que para ser base ortonormal tiene que ser ortogonal y además sus vectores unitarios.

(c) Una base de este espacio debe tener dos vectores, ya que es 2 la dimensión del espacio, luego debemos encontrar otro vector que sea ortogonal, para este producto escalar, al vector (1, 1). Llamando a este vector (a, b) se tiene que cumplir que

$$\langle (1, 1), (a, b) \rangle = a + b + a + 2b = 2a + 3b = 0 .$$

De la ecuación $2a + 3b = 0$ deducimos que $a = -\frac{3}{2}b$, y dando el valor $b = 2$ obtenemos que $a = -3$.

Luego una base ortogonal será $B = \{(1, 1); (-3, 2)\}$.

(d) Para encontrar una base ortonormal, partiendo de una base cualquiera, podemos utilizar el algoritmo de Gram-Schmidt, teniendo en cuenta que ahora el producto escalar no es el usual.

Partimos, por ejemplo, de la base B del apartado (a). Tomando el vector (1, 0), calculamos su norma $\|(1, 0)\| = \sqrt{\langle (1, 0); (1, 0) \rangle} = \sqrt{1 + 0 + 0 + 0} = \sqrt{1} = 1$, luego ya es vector unitario, y éste será el primero de la nueva base.

Tomando ahora el segundo vector de B, $(0,1)$. Entonces $\vec{\mathbf{y}}_2 = (0, 1) - \langle (0, 1); (1, 0) \rangle\, (1, 0) = (0, 1) - (1, 0) = (-1, 1)$ ya que el producto escalar $\langle (0, 1); (1, 0) \rangle = 0 + 0 + 1 + 0 = 1$.

Calculamos $\|\vec{\mathbf{y}}_2\| = \sqrt{\langle (-1, 1), (-1, 1) \rangle} = \sqrt{1 - 1 - 1 + 2} = \sqrt{1} = 1$, es decir, es también unitario y, por lo tanto, la base ortonormal será $\{(1, 0); (-1, 1)\}$.

Ejercicio 5.10 **Sea $S = \mathscr{L}\{(1, 1, 1, 1); (1, 2, 4, 5); (1, -3, -4, -2)\}$. Encuéntrese una base ortonormal de S utilizando el algoritmo de Gram-Schmidt.**

SOLUCIÓN

Si llamamos $\vec{\mathbf{v}}_1 = (1, 1, 1, 1)$ y calculamos su norma $\|\vec{\mathbf{v}}_1\| = \sqrt{1+1+1+1} = 2$, de donde

$$\vec{\mathbf{u}}_1 = \frac{\vec{\mathbf{v}}_1}{\|\vec{\mathbf{v}}_1\|} = \left(\frac{1}{2}, \frac{1}{2}, \frac{1}{2}, \frac{1}{2}\right)$$

y éste será el primer vector de la base.

Seguidamente llamemos $\vec{\mathbf{v}}_2 = (1, 2, 4, 5)$ e $\vec{\mathbf{y}}_2 = \vec{\mathbf{v}}_2 - \langle \vec{\mathbf{v}}_2, \vec{\mathbf{u}}_1 \rangle \vec{\mathbf{u}}_1$; sustituyendo por sus valores resulta que

$$\vec{\mathbf{y}}_2 = (1, 2, 4, 5) - \left\langle (1, 2, 4, 5), \left(\frac{1}{2}, \frac{1}{2}, \frac{1}{2}, \frac{1}{2}\right)\right\rangle \left(\frac{1}{2}, \frac{1}{2}, \frac{1}{2}, \frac{1}{2}\right)$$

y operando obtenemos

$$\vec{\mathbf{y}}_2 = (-2, -1, 1, 2).$$

Ahora normalizamos este vector $\|\vec{\mathbf{y}}_2\| = \sqrt{4+1+1+4} = \sqrt{10}$ resultando que el nuevo vector de la base será el vector normalizado

$$\vec{\mathbf{u}}_2 = \left(\frac{1}{\sqrt{10}}, \frac{-1}{\sqrt{10}}, \frac{-2}{\sqrt{10}}, \frac{-3}{\sqrt{10}}\right).$$

Por último, llamando $\vec{\mathbf{v}}_3 = (1, -3, -4, -2)$ e $\vec{\mathbf{y}}_3 = \vec{\mathbf{v}}_3 - \langle \vec{\mathbf{v}}_3, \vec{\mathbf{u}}_2 \rangle \vec{\mathbf{u}}_2 - \langle \vec{\mathbf{v}}_3, \vec{\mathbf{u}}_1 \rangle \vec{\mathbf{u}}_1$, entonces

$$\vec{\mathbf{y}}_3 = (1, -3, -4, -2) - \left\langle (1, -3, -4, -2), \left(\frac{1}{\sqrt{10}}, \frac{-1}{\sqrt{10}}, \frac{-2}{\sqrt{10}}, \frac{-3}{\sqrt{10}}\right)\right\rangle \left(\frac{1}{\sqrt{10}}, \frac{-1}{\sqrt{10}}, \frac{-2}{\sqrt{10}}, \frac{-3}{\sqrt{10}}\right) -$$
$$- \left\langle (1, -3, -4, -2), \left(\frac{1}{2}, \frac{1}{2}, \frac{1}{2}, \frac{1}{2}\right)\right\rangle \left(\frac{1}{2}, \frac{1}{2}, \frac{1}{2}, \frac{1}{2}\right) = \left(\frac{8}{5}, \frac{-17}{10}, \frac{-13}{10}, \frac{7}{5}\right)$$

Si ahora normalizamos este vector, podemos obtener el nuevo vector de la base

$$\vec{\mathbf{u}}_3 = \left(\frac{8\sqrt{910}}{455}, \frac{-17\sqrt{910}}{910}, \frac{-\sqrt{910}}{70}, \frac{\sqrt{910}}{65}\right).$$

Ejercicio 5.11 **Dada la base $B = \{(1, 1, 1); (1, 1, 0); (1, 0, 0)\}$ de $\mathbb{R}^3$, calcule una base ortonormal a partir de ella.**

SOLUCIÓN

Para encontrar una base ortonormal a partir de B aplicamos el algoritmo de Gram-Schmidt.

Tomamos, en primer lugar, como vector $\vec{\mathbf{v}}_1 = (1, 0, 0)$; puesto que este vector es unitario, el vector de la base será

$$\vec{\mathbf{u}}_1 = \frac{\vec{\mathbf{v}}_1}{\|\vec{\mathbf{v}}_1\|} = (1, 0, 0)\ .$$

Tomando, ahora, como vector $\vec{\mathbf{v}}_2 = (1, 1, 0)$, resulta que $\vec{\mathbf{y}}_2 = \vec{\mathbf{v}}_2 - \langle \vec{\mathbf{v}}_2, \vec{\mathbf{u}}_1 \rangle\, \vec{\mathbf{u}}_1$, es decir, $\vec{\mathbf{y}}_2 = (1, 1, 0) - \langle (1, 1, 0); (1, 0, 0) \rangle\, (1, 0, 0) = (1, 1, 0) - (1, 0, 0) = (0, 1, 0)$. El vector $\vec{\mathbf{y}}_2$ ya es unitario, luego el segundo vector de la base ortonormal será

$$\vec{\mathbf{u}}_2 = (0, 1, 0)\ .$$

Por último, si $\vec{\mathbf{v}}_3 = (1, 1, 1)$ e $\vec{\mathbf{y}}_3 = \vec{\mathbf{v}}_3 - \langle \vec{\mathbf{v}}_3, \vec{\mathbf{u}}_2 \rangle\, \vec{\mathbf{u}}_2 - \langle \vec{\mathbf{v}}_3, \vec{\mathbf{u}}_1 \rangle\, \vec{\mathbf{u}}_1$, sustituyendo obtenemos

$$\begin{aligned}\vec{\mathbf{y}}_3 &= (1, 1, 1) - \langle (1, 1, 1); (0, 1, 0) \rangle\, (0, 1, 0) - \langle (1, 1, 1); (1, 0, 0) \rangle\, (1, 0, 0) = \\ &= (1, 1, 1) - (0, 1, 0) - (1, 0, 0) = (0, 0, 1)\end{aligned}$$

Como el vector $\vec{\mathbf{y}}_3$ es también unitario, entonces

$$\vec{\mathbf{u}}_3 = (0, 0, 1)\ .$$

Hemos obtenido como base ortonormal a partir de la base B la base canónica, que evidentemente, es ortonormal.

Ejercicio 5.12 **Demuestre que $\begin{pmatrix} \cos\alpha & -\text{sen}\,\alpha \\ \text{sen}\,\alpha & \cos\alpha \end{pmatrix}$, $\alpha \in \mathbb{R}$ es matriz ortogonal.**

SOLUCIÓN

Para que una matriz $\mathbf{C}$ sea ortogonal se tiene que cumplir $\mathbf{C}^t = \mathbf{C}^{-1}$, o lo que es equivalente $\mathbf{C}^t \cdot \mathbf{C} = \mathbf{I}$.

Calculando $\mathbf{C}^t \cdot \mathbf{C} = \begin{pmatrix} \cos\alpha & \text{sen}\,\alpha \\ -\text{sen}\,\alpha & \cos\alpha \end{pmatrix} \cdot \begin{pmatrix} \cos\alpha & -\text{sen}\,\alpha \\ \text{sen}\,\alpha & \cos\alpha \end{pmatrix} = \begin{pmatrix} 1 & 0 \\ 0 & 1 \end{pmatrix}$ teniendo en cuenta que $\text{sen}^2\,\alpha + \cos^2\alpha = 1$, se cumple la condición de ortogonalidad.

Ejercicio 5.13 **Dada la matriz $\mathbf{A} = \begin{pmatrix} 1 & 1 & -1 \\ 1 & 3 & 4 \\ 7 & -5 & 2 \end{pmatrix}$:**

(a) ¿Sus filas son vectores ortogonales?

(b) ¿Sus columnas son vectores ortogonales?

(c) ¿Es A una matriz ortogonal?

SOLUCIÓN

(a) Veamos si sus filas son vectores ortogonales dos a dos:

$$\vec{\mathbf{f}}_1 \cdot \vec{\mathbf{f}}_2 = (1, 1, -1) \cdot (1, 3, 4) = 1 + 3 - 4 = 0$$
$$\vec{\mathbf{f}}_1 \cdot \vec{\mathbf{f}}_3 = (1, 1, -1) \cdot (7, -5, 2) = 7 - 5 - 2 = 0$$
$$\vec{\mathbf{f}}_2 \cdot \vec{\mathbf{f}}_3 = (1, 3, 4) \cdot (7, -5, 2) = 7 - 15 + 8 = 0$$

Luego sus filas son vectores ortogonales dos a dos.

(b) Veamos, ahora, si sus columnas son vectores ortogonales dos a dos:

$$\vec{\mathbf{c}}_1 \cdot \vec{\mathbf{c}}_2 = (1, 1, 7) \cdot (1, 3, -5) = 1 + 3 - 35 \neq 0$$

Por tanto, sus columnas no son vectores ortogonales.

(c) Podemos deducir, teniendo en cuenta los apartados anteriores, que **A** no es matriz ortogonal, ya que sus columnas no son ni siquiera ortogonales, y si **A** fuera ortogonal, tanto sus filas como sus columnas serían ortonormales.

También podemos ver que **A** no es ortogonal aplicando la definición y comprobando que, efectivamente, $\mathbf{C}^t \cdot \mathbf{C} \neq \mathbf{I}$.

Ejercicio 5.14 **Sea $\varphi\colon \mathbb{R}^3 \times \mathbb{R}^3 \to \mathbb{R}$ definida por la expresión $\varphi(\vec{\mathbf{x}}, \vec{\mathbf{y}}) = x_1y_2 + x_2y_1 - x_3y_3$:**

(a) Pruébese que φ es forma bilineal.

(b) Exprésela en forma matricial.

(c) ¿Es A una matriz ortogonal?

SOLUCIÓN

(a) Para demostrar que φ es forma bilineal vemos que se cumplen las cuatro condiciones:

1. $\varphi(\vec{\mathbf{x}}^1 + \vec{\mathbf{x}}^2, \vec{\mathbf{y}}) = \varphi(\vec{\mathbf{x}}^1, \vec{\mathbf{y}}) + \varphi(\vec{\mathbf{x}}^2, \vec{\mathbf{y}})$. Desarrollando cada uno de los términos de la igualdad se obtiene:

$$\varphi(\vec{\mathbf{x}}^1 + \vec{\mathbf{x}}^2, \vec{\mathbf{y}}) = (x_1^1 + x_1^2)\, y_2 + (x_2^1 + x_2^2)\, y_1 - (x_3^1 + x_3^2)\, y_3$$
$$\varphi(\vec{\mathbf{x}}^1, \vec{\mathbf{y}}) + \varphi(\vec{\mathbf{x}}^2, \vec{\mathbf{y}}) = x_1^1y_2 + x_2^1y_1 - x_3^1y_3 + x_1^2y_2 + x_2^2y_1 - x_3^2y_3$$

que son iguales teniendo en cuenta la propiedad distributiva de los números reales.

2. $\varphi(\vec{\mathbf{x}}, \vec{\mathbf{y}}^1 + \vec{\mathbf{y}}^2) = \varphi(\vec{\mathbf{x}}, \vec{\mathbf{y}}^1) + \varphi(\vec{\mathbf{x}}, \vec{\mathbf{y}}^2)$. Desarrollando

$$\varphi(\vec{\mathbf{x}}, \vec{\mathbf{y}}^1 + \vec{\mathbf{y}}^2) = x_1(y_2^1 + y_2^2) + x_2(y_1^1 + y_1^2) - x_3(y_3^1 + y_3^2)$$
$$\varphi(\vec{\mathbf{x}}, \vec{\mathbf{y}}^1) + \varphi(\vec{\mathbf{x}}, \vec{\mathbf{y}}^2) = x_1y_2^1 + x_2y_1^1 - x_3y_3^1 + x_1y_2^2 + x_2y_1^2 - x_3y_3^2$$

términos que son iguales teniendo en cuenta la propiedad distributiva de los números reales.

3. $\varphi(k \cdot \vec{\mathbf{x}}, \vec{\mathbf{y}}) = k \cdot \varphi(\vec{\mathbf{x}}, \vec{\mathbf{y}})$. En este caso,

$$\varphi(k \cdot \vec{\mathbf{x}}, \vec{\mathbf{y}}) = kx_1y_2 + kx_2y_1 - kx_3y_3$$
$$k \cdot \varphi(\vec{\mathbf{x}}, \vec{\mathbf{y}}) = k \cdot (x_1y_1 + x_2y_1 - x_3y_3)$$

luego son iguales teniendo en cuenta la propiedad distributiva de los números reales.

4. $\varphi(\vec{\mathbf{x}}, k \cdot \vec{\mathbf{y}}) = k \cdot \varphi(\vec{\mathbf{x}}, \vec{\mathbf{y}})$. Ahora

$$\varphi(\vec{\mathbf{x}}, k \cdot \vec{\mathbf{y}}) = kx_1y_2 + kx_2y_1 - kx_3y_3$$
$$k \cdot \varphi(\vec{\mathbf{x}}, \vec{\mathbf{y}}) = k \cdot (x_1y_1 + x_2y_1 - x_3y_3)$$

que también son iguales teniendo en cuenta la propiedad distributiva de los números reales.

(b) La expresión matricial la calculamos como imagen por φ de los vectores de la base canónica, siendo el elemento $a_{ij} = \varphi(\vec{\mathbf{e}}_i, \vec{\mathbf{e}}_j)$. En este caso, obtenemos la matriz $\mathbf{A} = \begin{pmatrix} 0 & 1 & 0 \\ 1 & 0 & 0 \\ 0 & 0 & -1 \end{pmatrix}$. Entonces la expresión matricial es $\varphi(\vec{\mathbf{x}}, \vec{\mathbf{y}}) = \mathbf{X}^t \cdot \mathbf{A} \cdot \mathbf{Y}$.

(c) Llamemos B_1 a la base canónica y B_2 a la nueva base. A continuación, calculamos la matriz del cambio de base $\mathbf{C} = \mathbf{B}_2^{-1} \cdot \mathbf{B}_1 = \begin{pmatrix} 1 & 1 & 1 \\ 0 & 1 & 1 \\ 0 & 0 & 1 \end{pmatrix}^{-1} \cdot \begin{pmatrix} 1 & 0 & 0 \\ 0 & 1 & 0 \\ 0 & 0 & 1 \end{pmatrix} = \begin{pmatrix} 1 & -1 & 0 \\ 0 & 1 & -1 \\ 0 & 0 & 1 \end{pmatrix}$. Si llamamos $\mathbf{A}_2$ a la matriz asociada en la nueva base se cumple que $\mathbf{A}_1 = \mathbf{C}^t \cdot \mathbf{A}_2 \cdot \mathbf{C}$, es decir,

$$\mathbf{A}_2 = \begin{pmatrix} 1 & 0 & 0 \\ -1 & 1 & 0 \\ 0 & -1 & 1 \end{pmatrix}^{-1} \cdot \begin{pmatrix} 0 & 1 & 0 \\ 1 & 0 & 0 \\ 0 & 0 & -1 \end{pmatrix} \cdot \begin{pmatrix} 1 & -1 & 0 \\ 0 & 1 & -1 \\ 0 & 0 & 1 \end{pmatrix}^{-1} = \begin{pmatrix} 0 & 1 & 1 \\ 1 & 2 & 2 \\ 1 & 2 & 1 \end{pmatrix}.$$

Ejercicio 5.15

Sea $\varphi: \mathbb{R}^2 \times \mathbb{R}^2 \to \mathbb{R}$ definida por la expresión

$$\varphi(\vec{\mathbf{x}}, \vec{\mathbf{y}}) = x_1y_1 - 2x_2y_1 + 2x_2y_2 .$$

Hállese la matriz asociada a la forma bilineal en la base $B = \{(2, -1); (-1, 1)\}$.

SOLUCIÓN

Llamemos B_1 a la base canónica y B_2 a la nueva base. La matriz del cambio de base será

$$\mathbf{C} = \mathbf{B}_2^{-1} \cdot \mathbf{B}_1 = \begin{pmatrix} 2 & -1 \\ -1 & 1 \end{pmatrix}^{-1} \cdot \begin{pmatrix} 1 & 0 \\ 0 & 1 \end{pmatrix} = \begin{pmatrix} 1 & 1 \\ 1 & 2 \end{pmatrix}.$$

Llamando $\mathbf{A}_1$ a la matriz asociada a la forma bilineal en la base canónica $\mathbf{A}_1 = \begin{pmatrix} 1 & -2 \\ 0 & 2 \end{pmatrix}$ y $\mathbf{A}_2$ a la matriz asociada en la nueva base se cumple que $\mathbf{A}_1 = \mathbf{C}^t \cdot \mathbf{A}_2 \cdot \mathbf{C}$, por lo que,

$$\mathbf{A}_2 = \begin{pmatrix} 1 & 1 \\ 1 & 2 \end{pmatrix}^{-1} \cdot \begin{pmatrix} 1 & -2 \\ 0 & 2 \end{pmatrix} \cdot \begin{pmatrix} 1 & 1 \\ 1 & 2 \end{pmatrix}^{-1} = \begin{pmatrix} 10 & -8 \\ -6 & 5 \end{pmatrix}.$$

Ejercicio 5.16 **Demuéstrese que si $\vec{\mathbf{v}}, \vec{\mathbf{w}} \in \mathbb{R}^n$ son ortogonales, entonces se cumple $\|\vec{\mathbf{v}} + \vec{\mathbf{w}}\|^2 = \|\vec{\mathbf{v}}\|^2 + \|\vec{\mathbf{w}}\|^2$.**

SOLUCIÓN

Para demostrar la igualdad, partamos de la parte izquierda de la expresión y lleguemos a la parte derecha. Es decir

$$\begin{aligned} \|\vec{\mathbf{v}} + \vec{\mathbf{w}}\|^2 &= \langle \vec{\mathbf{v}} + \vec{\mathbf{w}}, \vec{\mathbf{v}} + \vec{\mathbf{w}} \rangle = \\ &= \langle \vec{\mathbf{v}}, \vec{\mathbf{v}} \rangle + \langle \vec{\mathbf{v}}, \vec{\mathbf{w}} \rangle + \langle \vec{\mathbf{w}}, \vec{\mathbf{v}} \rangle + \langle \vec{\mathbf{w}}, \vec{\mathbf{w}} \rangle = \\ &= \langle \vec{\mathbf{v}}, \vec{\mathbf{v}} \rangle + \langle \vec{\mathbf{w}}, \vec{\mathbf{w}} \rangle = \\ &= \|\vec{\mathbf{v}}\|^2 + \|\vec{\mathbf{w}}\|^2 \end{aligned}$$

La primera igualdad sucede por la definición de norma de un vector. La segunda igualdad se obtiene aplicando la propiedad distributiva. La tercera es debida a que los vectores son ortogonales y, en la última, de nuevo se aplica la definición de norma de un vector.

Ejercicio 5.17 **Calcúlese el valor que debe de tomar k para que los siguientes pares de vectores sean ortogonales:**

(a) $\{(k, 1, 4); (3, -k, -1)\}$.

(b) $\{(k, k, -1); (k, -4, -3)\}$.

SOLUCIÓN

(a) Para que dos vectores sean ortogonales, su producto escalar debe ser 0. Luego $\langle (k, 1, 4); (3, -k, -1) \rangle = 0$. Entonces $3k - k - 4 = 0$ resolviendo la ecuación se obtiene $k = 2$.

(b) En este caso, para que sean ortogonales se tiene que cumplir que $\langle (k, k, -1); (k, -4, -3) \rangle = 0$. Entonces $k^2 - 4k + 3 = 0$ resolviendo la ecuación se encuentran dos soluciones $k = 1$ y $k = 4$.

Ejercicio 5.18 **Calcúlese el complemento ortogonal en $\mathbb{R}^4$ del subespacio vectorial determinado por las soluciones del sistema**

$$\begin{cases} x_1 - 2x_2 + 3x_3 - x_4 = 0 \\ 2x_1 - x_2 + 4x_3 + 2x_4 = 0 \end{cases}.$$

SOLUCIÓN

El complemento ortogonal de un subespacio, S, es el subespacio, $S^{\perp}$, formado por todos los vectores que sean ortogonales a todos los vectores de S.

Observamos que las soluciones del sistema son, precisamente, el conjunto de vectores ortogonales a los vectores $\{(1, -2, 3, 4); (2, -1, 4, 2)\}$ y, por lo tanto, el subespacio $S^{\perp} = \mathscr{L}\{(1, -2, 3, 4); (2, -1, 4, 2)\}$

Ejercicios propuestos

P5.1 Consideremos las siguientes matrices asociadas a formas bilineales:

$$\mathbf{A}_1 = \begin{pmatrix} -1 & 2 \\ -2 & 1 \end{pmatrix}; \quad \mathbf{A}_2 = \begin{pmatrix} 0 & -1 \\ -1 & 3 \end{pmatrix}; \quad \mathbf{A}_3 = \begin{pmatrix} 1 & 0 & 1 \\ -1 & 1 & 1 \\ 1 & -1 & -1 \end{pmatrix};$$

$$\mathbf{A}_4 = \begin{pmatrix} 1 & -1 & 1 \\ -1 & 2 & -1 \\ 1 & -1 & 0 \end{pmatrix}; \quad \mathbf{A}_5 = \begin{pmatrix} 0 & 1 & 3 \\ 1 & 0 & -2 \\ 3 & -2 & 0 \end{pmatrix}$$

(a) ¿Cuáles de ellas son simétricas?

(b) Exprese cada una de ellas en forma matricial y polinómica.

P5.2 Dada la forma bilineal $\varphi\colon \mathbb{R}^2 \times \mathbb{R}^2 \to \mathbb{R}$, la base canónica de $\mathbb{R}^2$, $B_1 = \{\vec{\mathbf{e}}_1; \vec{\mathbf{e}}_2\}$, para la que conocemos $\varphi(\vec{\mathbf{e}}_1, \vec{\mathbf{e}}_1) = 2$, $\varphi(\vec{\mathbf{e}}_1, \vec{\mathbf{e}}_2) = -3$, $\varphi(\vec{\mathbf{e}}_2, \vec{\mathbf{e}}_1) = -1$ y $\varphi(\vec{\mathbf{e}}_2, \vec{\mathbf{e}}_2) = 1$ y la base de $\mathbb{R}^2$, $B_2 = \{(1,-1); (-1, 2)\}$.

(a) Exprese φ matricial y polinómicamente respecto a $B_1 = \{\vec{\mathbf{e}}_1; \vec{\mathbf{e}}_2\}$.

(b) Análogamente, respecto a $B_2 = \{(1,-1); (-1, 2)\}$.

(c) Dados $\vec{\mathbf{x}} = \vec{\mathbf{e}}_1 + 2\vec{\mathbf{e}}_2$, $\vec{\mathbf{y}} = \vec{\mathbf{e}}_1 - 2\vec{\mathbf{e}}_2$, calcule las coordenadas de dichos vectores respecto a B_2.

(d) Calcule $\varphi(\vec{\mathbf{x}}, \vec{\mathbf{y}})$ respecto a B_2 y B_2 y compruebe los resultados.

P5.3 Demuestre que $\langle \vec{\mathbf{u}}, \vec{\mathbf{v}} \rangle = 2x_1y_1^2 - x_2^2y_2$, donde $\vec{\mathbf{u}} = (x_1, y_1)$ y $\vec{\mathbf{v}} = (x_2, y_2)$ no es un producto escalar.

P5.4 Demuestre que $\langle \vec{\mathbf{x}}, \vec{\mathbf{y}} \rangle = x_1y_1 - x_1y_2 - x_2y_1 + x_2y_2$ es un producto escalar. Calcule $\langle \vec{\mathbf{x}}, \vec{\mathbf{y}} \rangle$ y $\|\vec{\mathbf{x}}\|$ para los vectores $\vec{\mathbf{x}} = (1, 3)$ y $\vec{\mathbf{y}} = (-1, 2)$, así como un vector normal de la misma dirección que $\vec{\mathbf{y}}$.

P5.5 Encuentre un vector $\vec{\mathbf{w}} \in \mathbb{R}^3$ que sea ortogonal a $\vec{\mathbf{u}} = (1, -1, 3)$ y $\vec{\mathbf{v}} = (0, 1, 2)$.

P5.6 Sea $S = \mathscr{L}\{(1, -1, -3)\}$. Encuentre una base de $S^{\perp}$.

P5.7 Sea $S = \mathscr{L}\{(1, 1, 0, 1); (1, 0, 0, 0)\}$. Halle una base de $S^{\perp}$.

P5.8 Sea el espacio euclídeo $(\mathbb{R}^2, \langle\ \rangle)$, donde el producto escalar viene dado por $\langle \vec{\mathbf{x}}, \vec{\mathbf{y}} \rangle = x_1y_1 - x_1y_2 + x_2y_1 + x_2y_2$.

(a) La base $B = \{(1, 0); (0, 1)\}$ ¿es ortogonal en este espacio?

(b) ¿Es ortonormal?

(c) Encuentre una base ortogonal, de este espacio, que contenga al vector (1, 1)?.

(d) Encuentre una base ortonormal de este espacio.

P5.9 Sea $S = \mathscr{L}\{(1, 1, 1, 1); (1, 2, 3, 4); (1, -1, -2, -3)\}$. Encuéntrese una base ortonormal de S utilizando el algoritmo de Gram-Schmidt.

P5.10 Dada la base $B = \{(1, 2, 3); (0, 1, 2); (0, 0, 1)\}$ de $\mathbb{R}^3$, calcule una base ortonormal a partir de ella.

P5.11 Demuestre que $\begin{pmatrix} \operatorname{sen} \alpha & \cos \alpha \\ \cos \alpha & -\cos \alpha \end{pmatrix}$, $\alpha \in \mathbb{R}$ es matriz ortogonal.

P5.12 Dada la matriz $\mathbf{A} = \begin{pmatrix} 1 & -14 & 1 \\ -1 & 2 & 3 \\ 2 & 8 & 1 \end{pmatrix}$:

(a) Sus filas, ¿son vectores ortogonales?

(b) Sus columnas, ¿son vectores ortogonales?

(c) ¿Es **A** una matriz ortogonal?

P5.13 Sea $\varphi\colon \mathbb{R}^3 \times \mathbb{R}^3 \to \mathbb{R}$ definida por la expresión $\varphi(\vec{\mathbf{x}}, \vec{\mathbf{y}}) = x_1y_3 + x_3y_1 - x_2y_2$:

(a) Pruebe que φ es forma bilineal.

(b) Exprésela en forma matricial.

(c) ¿Es **A** una matriz ortogonal?

P5.14 Sea $\varphi\colon \mathbb{R}^2 \times \mathbb{R}^2 \to \mathbb{R}$ definida por la expresión $\varphi(\vec{\mathbf{x}}, \vec{\mathbf{y}}) = 3x_1y_1 - x_1y_2 + x_2y_1 + 2x_2y_2$. Hállese la matriz asociada a la forma bilineal en la base $B = \{(1, -1); (-2, 3)\}$.

P5.15 Demuéstrese la identidad del paralelogramo:

$$\forall\ \vec{\mathbf{v}}, \vec{\mathbf{w}} \in \mathbb{R}^n, \quad \|\vec{\mathbf{v}} + \vec{\mathbf{w}}\|^2 + \|\vec{\mathbf{v}} - \vec{\mathbf{w}}\|^2 = 2\|\vec{\mathbf{v}}\|^2 + 2\|\vec{\mathbf{w}}\|^2.$$

P5.16 Demuéstrese que si el conjunto de vectores $\{\vec{\mathbf{v}}_1, \vec{\mathbf{v}}_2, \ldots, \vec{\mathbf{v}}_m\} \subset \mathbb{R}^n$ con $m \leq n$ son ortogonales dos a dos, son linealmente independientes.

P5.17 Demuéstrese que si el conjunto de vectores $\{\vec{\mathbf{v}}_1, \vec{\mathbf{v}}_2, \ldots, \vec{\mathbf{v}}_m\} \subset \mathbb{R}^n$ con $m \leq n$ son ortogonales dos a dos, entonces el conjunto de vectores $\{k\vec{\mathbf{v}}_1, k\vec{\mathbf{v}}_2, \ldots, k\vec{\mathbf{v}}_m\} \subset \mathbb{R}^n$ con $k \in \mathbb{R}$ son también ortogonales dos a dos.

P5.18 Calcúlese el complemento ortogonal del subespacio de $\mathbb{R}^4$ determinado por las soluciones del sistema

$$\begin{cases} x_1 + x_2 - x_3 + 2x_4 = 0 \\ 2x_1 - x_2 + 5x_4 = 0 \end{cases}.$$

P5.19 Hállese el valor que debe de tomar k para que los siguientes pares de vectores sean ortogonales:

(a) $\{(2, 1, -2); (4, -3, k)\}$.

(b) $\{(1, 2, k); (k, -3, -2)\}$.

(c) $\{(k, -1, k); (k, -2, -3)\}$.

P5.20 Comprobar que la matriz $\mathbf{A} = \begin{pmatrix} \frac{1}{\sqrt{2}} & \frac{1}{\sqrt{2}} & 0 & 0 \\ \frac{1}{\sqrt{2}} & -\frac{1}{\sqrt{2}} & 0 & 0 \\ 0 & 0 & 0 & 1 \\ 0 & 0 & 1 & 0 \end{pmatrix}$ es ortogonal.

P5.21 Sea $V = \mathrm{P}_2(x)$ y el producto escalar definido por $\langle f, g\rangle = \int_0^1 f(x)\, g(x)\, dx$, siendo $f(x) = x + 2$ y $g(x) = x^2 - 2x - 3$. Hállese $\langle f, g\rangle$ y $\|f\|$.

P5.22 Hállese un vector unitario ortogonal a $\vec{\mathbf{v}}_1 = (1, 1, 2)$ y $\vec{\mathbf{v}}_2 = (0, 1, 3)$.

P5.23 Sea $S = \mathscr{L}\{(1, 2, 3, -1, -2); (2, 4, 7, 2, -1)\} \subset \mathbb{R}^5$. Hállese una base del complemento ortogonal de S, $S^{\perp}$.

P5.24 Calcúlese una base del complemento ortogonal de $S = \mathscr{L}\{(1, -2, 3, 4); (3, -5, 7, 8)\} \subset \mathbb{R}^4$.

P5.25 Hállese una base ortonormal del subespacio generado por los vectores (1, 1, 1) y (2, 0, 2).

CAPÍTULO 6

Formas cuadráticas

Nociones teóricas

FORMA CUADRÁTICA

Se define forma cuadrática real de n variables a toda aplicación $Q: \mathbb{V} \to \mathbb{R}$ donde $\mathbb{V}$ es un espacio vectorial real de dimensión n, que transforme $\vec{\mathbf{x}} \in \mathbb{V}$ en un número real $Q(\vec{\mathbf{x}})$ dado por

$$Q(\vec{\mathbf{x}}) = \mathbf{X}^t \mathbf{A} \mathbf{X} = \begin{pmatrix} x_1 & \cdots & x_n \end{pmatrix} \begin{pmatrix} a_{11} & \cdots & a_{1n} \\ \vdots & \ddots & \vdots \\ a_{n1} & \cdots & a_{nn} \end{pmatrix} \begin{pmatrix} x_1 \\ \vdots \\ x_n \end{pmatrix}$$

y donde $\mathbf{A}$ es una matriz simétrica, es decir, $\mathbf{A}^t = \mathbf{A}$.

Expresión polinómica: Se obtiene haciendo el desarrollo matricial.

CLASIFICACIÓN DE LAS FORMAS CUADRÁTICAS

Sea $Q: \mathbb{V} \to \mathbb{R}$, tal que $Q(\vec{\mathbf{x}}) = \mathbf{X}^t \mathbf{A} \mathbf{X}$. Entonces:

$Q(\vec{\mathbf{x}})$ es definida positiva (DP) si $Q(\vec{\mathbf{x}}) > 0, \quad \forall \vec{\mathbf{x}} \neq \vec{\mathbf{0}}$ y $Q(\vec{\mathbf{x}}) = \vec{\mathbf{0}} \Leftrightarrow \vec{\mathbf{x}} = \vec{\mathbf{0}}$.

$Q(\vec{\mathbf{x}})$ es definida negativa (DN) si $Q(\vec{\mathbf{x}}) < 0, \quad \forall \vec{\mathbf{x}} \neq \vec{\mathbf{0}}$ y $Q(\vec{\mathbf{x}}) = \vec{\mathbf{0}} \Leftrightarrow \vec{\mathbf{x}} = \vec{\mathbf{0}}$.

$Q(\vec{\mathbf{x}})$ es semidefinida positiva (SDP) si $Q(\vec{\mathbf{x}}) \geq 0, \quad \forall \vec{\mathbf{x}} \neq \vec{\mathbf{0}}$.

$Q(\vec{\mathbf{x}})$ es semidefinida negativa (SDN) si $Q(\vec{\mathbf{x}}) \leq 0, \quad \forall \vec{\mathbf{x}} \neq \vec{\mathbf{0}}$.

$Q(\vec{\mathbf{x}})$ es indefinida si $Q(\vec{\mathbf{x}}) > 0$ para algún $\vec{\mathbf{x}} \neq \vec{\mathbf{0}}$ y $Q(\vec{\mathbf{x}}) < 0$ para algún $\vec{\mathbf{x}} \neq \vec{\mathbf{0}}$.

El estudio del signo de la forma cuadrática consiste en averiguar a cuál de los cinco tipos anteriores pertenece la forma cuadrática.

MATRICES CONGRUENTES

Se dice que las matrices simétricas **A** y **B** son congruentes si $\exists\, \mathbf{C}/\mathbf{B} = \mathbf{C}^t\mathbf{AC}$.

Propiedades

1. Sus determinantes tienen el mismo signo.
2. Tienen el mismo rango.

Observación. De todas las matrices congruentes que representan la misma forma cuadrática nos interesa la que sea diagonal. Puede que matrices diagonales distintas representen la misma forma cuadrática, pero el número de coeficientes positivos y negativos para cada una de ellas es el mismo.

TEOREMA *El cambio de base de ecuación* $\mathbf{X} = \mathbf{CX}'$ *transforma la expresión de la forma cuadrática* $Q(\vec{\mathbf{x}}) = \mathbf{X}^t\mathbf{AX}$ *en* $Q(\vec{\mathbf{x}}) = (\mathbf{X}')^t\mathbf{BX}'$, *siendo* **B** *la matriz simétrica.*

TEOREMA *Sea* $Q(\vec{\mathbf{x}}) = \mathbf{X}^t\mathbf{AX}$ *una forma cuadrática real de n variables y sea* $b_1x_1'^2 + b_2x_2'^2 + \cdots + b_nx_n'^2$ *una expresión diagonal de* $Q(\vec{\mathbf{x}})$ *con p coeficientes positivos y q coeficientes negativos. Se verifica que:*

(a) $Q(\vec{\mathbf{x}})$ es DP $\quad\Leftrightarrow\quad p = n$ y $q = 0$.

(b) $Q(\vec{\mathbf{x}})$ es SDP $\quad\Leftrightarrow\quad q = 0$.

(c) $Q(\vec{\mathbf{x}})$ es SDP $\quad\Leftrightarrow\quad p = 0$.

(d) $Q(\vec{\mathbf{x}})$ es indefinida $\quad\Leftrightarrow\quad p \neq 0$ o $q \neq 0$.

TEOREMA *Toda forma cuadrática real* $Q(\vec{\mathbf{x}}) = \mathbf{X}^t\mathbf{AX}$ *se reduce mediante un cambio de base* $\mathbf{X} = \mathbf{CX}'$ *de matriz ortogonal* $(\mathbf{C}^t = \mathbf{C}^{-1})$ *a la expresión diagonal* $(\mathbf{X}')^t\Lambda(\mathbf{X}')$, *siendo* Λ *la matriz diagonal de autovalores de* **A**.

Observaciones

- Si suponemos que la base inicial es la base canónica, **C** es la matriz formada por los autovectores de **A** normalizados.
- Sabiendo el signo de los autovalores podemos estudiar el signo de la forma cuadrática.

Estudio del signo de $Q(\vec{x}) = \mathbf{X}^t\mathbf{AX}$ a través de los menores principales de A

Si $Q(\vec{x}) = \mathbf{X}^t\mathbf{AX}$ es una forma cuadrática real de n variables y $|\mathbf{A}_1| = a_{11}$, $|\mathbf{A}_2| = \begin{vmatrix} a_{11} & a_{12} \\ a_{21} & a_{22} \end{vmatrix}$, $\ldots$, $|\mathbf{A}_n| = \det(\mathbf{A})$ son los menores principales de la matriz **A**, entonces:

$Q(\vec{x})$ es DP $\Leftrightarrow$ $|\mathbf{A}_1| > 0, |\mathbf{A}_2| > 0, \ldots, |\mathbf{A}_n| > 0$.

$Q(\vec{x})$ es DN $\Leftrightarrow$ $|\mathbf{A}_1| < 0, |\mathbf{A}_2| > 0, |\mathbf{A}_3| < 0, \ldots$

Si $|\mathbf{A}_1| > 0, |\mathbf{A}_2| > 0, \ldots, |\mathbf{A}_{n-1}| > 0, |\mathbf{A}_n| = 0$ $\Rightarrow$ $Q(\vec{x})$ es SDP.

Si $|\mathbf{A}_1| < 0, |\mathbf{A}_2| > 0, \ldots, |\mathbf{A}_n| = 0$ $\Rightarrow$ $Q(\vec{x})$ es SDN.

Si $\det(\mathbf{A}) \neq 0$ y es falso (a) y (b) $\Rightarrow$ $Q(\vec{x})$ es indefinida.

Si $|\mathbf{A}_i| \neq 0$, $i = 1, \ldots, n-1$ y $\det(\mathbf{A}) = 0$ y es falso (c) y (d) $\Rightarrow$ $Q(\vec{x})$ es indefinida.

En los demás casos no podemos decir nada sobre el signo de la forma cuadrática.

FORMAS CUADRÁTICAS REALES CON RESTRICCIONES

Sea $Q(\vec{x}) = \mathbf{X}^t\mathbf{AX}$, y $\vec{x} \in L \subset V$, donde $L = \{\vec{x} \in V /\ \mathbf{BX} = 0\}$. Para estudiar el signo de la forma cuadrática en el subespacio L tenemos que

- Si $Q(\vec{x})$ es DP o DN en el espacio vectorial $\mathbb{V}$, también lo es en el subespacio L.
- En otro caso, $L = \{\vec{x} \in \mathbb{V} /\ \mathbf{BX} = 0\}$, $\text{rg}(\mathbf{B}) = r$ y $\dim(L) = n - r$. Para estudiar el signo de la forma $Q(\vec{x}) = \mathbf{X}^t\mathbf{AX}$ cuadrática restringida al subespacio L puede ponerse en función de las $n - r$ variables libres y estudiar la forma cuadrática sin restricciones.

MATRICES DEFINIDAS POSITIVAS

Definen una forma cuadrática definida positiva.

Propiedades

1. Si **A** es DP, existe una matriz regular **P** tal que $\mathbf{P}^t\mathbf{P} = \mathbf{A}$.
2. Si la forma cuadrática $\mathbf{X}^t\mathbf{AX}$ restringida a $\mathbf{X}^t\mathbf{BX}$ es definida positiva, cuando **B** es semidefinida positiva, existe un escalar λ tal que la forma cuadrática sin restricciones $\mathbf{X}^t(\mathbf{A} + \lambda\mathbf{B})\,\mathbf{X}$ es definida positiva.
3. La forma cuadrática $\mathbf{X}^t\mathbf{AX}$, restringida al subespacio vectorial $L = \{\vec{x} \in \mathbb{V} /\ \mathbf{BX} = 0\}$ es DP $\Leftrightarrow$ la forma cuadrática sin restricciones $\mathbf{X}^t(\mathbf{A} + \lambda\mathbf{B}^t\mathbf{B})\,\mathbf{X}$ es DP para algún valor de λ suficientemente grande.

A continuación, se presenta otro criterio para averiguar el signo de una forma cuadrática restringida.

TEOREMA Sea $Q(\vec{\mathbf{x}}) = \mathbf{X}^t\mathbf{A}\mathbf{X}$ restringida al subespacio $L = \{\vec{\mathbf{x}} \in \mathbb{V} / \ \mathbf{BX} = 0\}$, donde $\dim(\mathbf{B}) = m \times n$ y $\mathrm{rg}(\mathbf{B}) = m$. Sea la matriz orlada $\overline{\mathbf{A}} = \begin{pmatrix} \mathbf{0} & \mathbf{B} \\ \mathbf{B}^t & \mathbf{A} \end{pmatrix}$. Entonces:

- Si los $n-m$ últimos menores principales de $\overline{\mathbf{A}}$ tienen el signo $(-1)^m$, la forma cuadrática $Q(\vec{\mathbf{x}}) = \mathbf{X}^t\mathbf{A}\mathbf{X}$ restringida a $L = \{\vec{\mathbf{x}} \in \mathbb{V} / \ \mathbf{BX} = 0\}$ es definida positiva
- Si los últimos $n-m$ menores principales alternan el signo empezando por $(-1)^{m+1}$ es definida negativa.

Ejercicios resueltos

Ejercicio 6.1 **Exprese la siguiente forma cuadrática en forma matricial:**

$$Q(x_1, x_2, x_3) = 2x_1^2 + 3x_2^2 + 4x_3^2 + x_1x_2 + 4x_1x_3.$$

SOLUCIÓN

La forma matricial de la forma cuadrática será la siguiente:

$$Q(x_1, x_2, x_3) = \begin{pmatrix} x_1 & x_2 & x_3 \end{pmatrix} \begin{pmatrix} 2 & 1/2 & 2 \\ 1/2 & 3 & 0 \\ 2 & 0 & 4 \end{pmatrix} \begin{pmatrix} x_1 \\ x_2 \\ x_3 \end{pmatrix}$$

Ejercicio 6.2 **Exprese la siguiente forma cuadrática en forma polinómica:**

$$Q(x_1, x_2, x_3) = \begin{pmatrix} x_1 & x_2 & \frac{1}{2}x_3 \end{pmatrix} \begin{pmatrix} 3 & 5 & 1 \\ 5 & 1 & -1 \\ 1 & -1 & -4 \end{pmatrix} \begin{pmatrix} x_1 \\ x_2 \\ x_3 \end{pmatrix}.$$

SOLUCIÓN

Su expresión en forma polinómica será

$$Q(x_1, x_2, x_3) = 3x_1^2 + x_2^2 - 4x_3^2 + 10x_1x_2 + 2x_1x_3 - 2x_2x_3.$$

Ejercicio 6.3 **Exprese en forma polinómica la siguiente forma cuadrática:**

$$Q(x_1, x_2, x_3) = \begin{pmatrix} x_1 & x_2 & x_3 \end{pmatrix} \begin{pmatrix} 1 & 3 & -2 \\ 3 & 2 & 1 \\ -2 & 1 & -1 \end{pmatrix} \begin{pmatrix} x_1 \\ x_2 \\ x_3 \end{pmatrix}.$$

SOLUCIÓN

La forma polinómica de la anterior forma cuadrática será la siguiente

$$Q(x_1, x_2, x_3) = x_1^2 + 2x_2^2 - x_3^2 + 6x_1x_2 - 4x_1x_3 + 2x_2x_3.$$

Ejercicio 6.4 **Exprese en forma matricial la siguiente forma cuadrática:**

$$Q(x_1, x_2, x_3) = x_1^2 - 2x_2^2 + 3x_1x_3 - 2x_3x_3 .$$

SOLUCIÓN

La expresión matricial de la forma cuadrática es

$$Q(x_1, x_2, x_3) = \begin{pmatrix} x_1 & x_2 & x_3 \end{pmatrix} \begin{pmatrix} 1 & 0 & 3/2 \\ 0 & -2 & -1 \\ 3/2 & -1 & 0 \end{pmatrix} \begin{pmatrix} x_1 \\ x_2 \\ x_3 \end{pmatrix}.$$

Ejercicio 6.5 **Obténgase la expresión polinómica de la forma cuadrática:**

$$Q(\mathbf{x}) = \begin{pmatrix} x_1 & x_2 & x_3 \end{pmatrix} \begin{pmatrix} 1 & 4 & -1 \\ 4 & 0 & 0 \\ -1 & 0 & 2 \end{pmatrix} \begin{pmatrix} x_1 \\ x_2 \\ x_3 \end{pmatrix}.$$

SOLUCIÓN

Su expresión polinómica es

$$Q(\mathbf{x}) = x_1^2 - x_3^2 + 8x_1x_2 - 2x_1x_3 .$$

Ejercicio 6.6 **Obténgase la expresión matricial de la forma cuadrática:**

$$Q(\mathbf{x}) = x_2^2 - 5x_3^2 - x_1x_2 + 4x_2x_3 .$$

SOLUCIÓN

Su expresión matricial será

$$Q(\mathbf{x}) = \begin{pmatrix} x_1 & x_2 & x_3 \end{pmatrix} \begin{pmatrix} 0 & -1/2 & 2 \\ -1/2 & 0 & 0 \\ 0 & 2 & -5 \end{pmatrix} \begin{pmatrix} x_1 \\ x_2 \\ x_3 \end{pmatrix}$$

Ejercicio 6.7 **Estudie el signo de la forma cuadrática**

$$Q(x_1, x_2, x_3) = -x_1^2 - 2x_2^2 + 2x_2x_3 - 2x_3^2 .$$

SOLUCIÓN

Para estudiar el signo, en primer lugar la expresaremos en forma matricial

$$Q(x_1, x_2, x_3) = \begin{pmatrix} x_1 & x_2 & x_3 \end{pmatrix} \begin{pmatrix} -1 & 0 & 0 \\ 0 & -2 & 1 \\ 0 & 1 & -2 \end{pmatrix} \begin{pmatrix} x_1 \\ x_2 \\ x_3 \end{pmatrix}.$$

También podemos estudiar el signo a través de los autovalores

$$\begin{vmatrix} 1-\lambda & 0 & 0 \\ 0 & -2-\lambda & 1 \\ 0 & 1 & -2-\lambda \end{vmatrix} = (-1-\lambda)\,(-2-\lambda)^2 - (-1-\lambda) =$$

$$= (-1-\lambda)\,[(-2-\lambda)^2 - 1] =$$

$$= \lambda^3 - 5\lambda^2 - 7\lambda - 3.$$

Igualamos a cero el polinomio característico

$$\lambda^3 - 5\lambda^2 - 7\lambda - 3 = 0$$

y obtenemos las raíces del mismo

$$\lambda_1 = -1; \quad \lambda_2 = -3; \quad \lambda_3 = -1\,.$$

Como todos los autovalores son negativos, la forma cuadrática es definida negativa.

También lo podemos estudiar a través de los menores principales de la matriz

$$|A_1| = -1 < 0$$

$$|A_2| = 2 > 0$$

$$|A_3| = -4 - 1 = -3 < 0$$

Los menores principales van alternando el signo comenzando por negativo, por tanto, la forma cuadrática es definida negativa.

Ejercicio 6.8 **Estudie el signo de la forma cuadrática:**

$$Q(\mathbf{x}) = x_1^2 + x_2^2 + x_3^2 + 2x_1x_2\,.$$

SOLUCIÓN

La expresamos en forma matricial

$$Q(x_1, x_2, x_3) = \begin{pmatrix} x_1 & x_2 & x_3 \end{pmatrix} \begin{pmatrix} 1 & 1 & 0 \\ 1 & 1 & 0 \\ 0 & 0 & 1 \end{pmatrix} \begin{pmatrix} x_1 \\ x_2 \\ x_3 \end{pmatrix}.$$

En primer lugar, calculamos los autovalores

$$\begin{vmatrix} 1-\lambda & 1 & 0 \\ 1 & 1-\lambda & 0 \\ 0 & 0 & 1-\lambda \end{vmatrix} = (1-\lambda)^3 - (1-\lambda)$$

y obtenemos las raíces del polinomio característico

$$(1-\lambda)^3 - (1-\lambda) = 0$$

de donde

$$\lambda_1 = -1; \quad \lambda_2 = 0; \quad \lambda_3 = 2 .$$

Como los autovalores son positivos, negativos y nulos, la forma cuadrática es indefinida.

Ejercicio 6.9 **Estudie el signo de la forma cuadrática**

$$Q(x_1, x_2, x_3) = -x_1^2 + 2x_2x_3 - x_3^2 .$$

SOLUCIÓN

La expresión matricial de la forma cuadrática es:

$$Q(x_1, x_2, x_3) = \begin{pmatrix} x_1 & x_2 & x_3 \end{pmatrix} \begin{pmatrix} -1 & 0 & 0 \\ 0 & 0 & 1 \\ 0 & 1 & -1 \end{pmatrix} \begin{pmatrix} x_1 \\ x_2 \\ x_3 \end{pmatrix}$$

Calculemos los autovalores

$$\begin{vmatrix} 1-\lambda & 0 & 0 \\ 0 & 0-\lambda & 1 \\ 0 & 1 & -1-\lambda \end{vmatrix} = (1-\lambda)\,(0-\lambda)\,(-1-\lambda) - (-1-\lambda) =$$

$$= (-1-\lambda)\,(-\lambda)\,(-1-\lambda) - (-1-\lambda) =$$

$$= (-1-\lambda)[-\lambda(-1-\lambda) - 1] =$$

$$= (-1-\lambda)\,(\lambda^2 + \lambda - 1) =$$

$$= -\lambda^3 - 2\lambda^2 + 1.$$

Haciendo $-\lambda^3 - 2\lambda^2 + 1 = 0$, resulta que

$$\lambda_1 = -1; \quad \lambda_2 = \frac{-1+\sqrt{5}}{2} > 0; \quad \lambda_3 = \frac{-1-\sqrt{5}}{2} < 0 .$$

Los autovalores son positivos y negativos, por tanto, la forma cuadrática es indefinida.

Ejercicio 6.10 **Estudie el signo de la forma cuadrática:**

$$Q(\mathbf{x}) = 3x_1^2 - 4x_1x_2 + 7x_2^2 .$$

SOLUCIÓN

La expresamos en forma matricial

$$Q(x_1, x_2) = \begin{pmatrix} x_1 & x_2 \end{pmatrix} \begin{pmatrix} 3 & -2 \\ -2 & 7 \end{pmatrix} \begin{pmatrix} x_1 \\ x_2 \end{pmatrix}$$

y estudiamos es signo a través de los menores principales de la matriz

$$|A_1| = 3 > 0$$
$$|A_2| = 25 > 0$$

Los menores principales son todos positivos, por tanto, la forma cuadrática es definida positiva.

Se podría estudiar también a través de los autovalores. Si

$$\begin{vmatrix} 3-\lambda & -2 \\ -2 & 7-\lambda \end{vmatrix} = (3-\lambda)(7-\lambda) - 4 = \lambda^2 - 10\lambda + 17 ,$$

haciendo que $\lambda^2 - 10\lambda + 17 = 0$, entonces resulta que los autovalores son

$$\lambda_1 = 5 + 2\sqrt{2} > 0$$
$$\lambda_2 = 5 - 2\sqrt{2} > 0$$

Como son todos ellos positivos, la forma cuadrática es definida positiva.

Ejercicio 6.11 **Estudie el signo de la forma cuadrática**

$$Q(\mathbf{x}) = Q(x_1, x_2, x_3) = x_1^2 + x_2^2 - 2x_2x_3 + x_3^2 .$$

SOLUCIÓN

Su expresión matricial es

$$Q(x_1, x_2, x_3) = \begin{pmatrix} x_1 & x_2 & x_3 \end{pmatrix} \begin{pmatrix} 1 & 0 & 0 \\ 0 & 1 & 1 \\ 0 & 1 & 1 \end{pmatrix} \begin{pmatrix} x_1 \\ x_2 \\ x_3 \end{pmatrix}$$

Calculemos los autovalores

$$\begin{vmatrix} 1-\lambda & 0 & 0 \\ 0 & 1-\lambda & 1 \\ 0 & 1 & 1-\lambda \end{vmatrix} = (1-\lambda)^3 - (1-\lambda) = (1-\lambda)\lambda(\lambda-2)$$

que igualándolo a 0 nos dan los valores

$$\lambda_1 = 1 > 0; \quad \lambda_2 = 0 = 0; \quad \lambda_3 = 2 > 0.$$

Como son positivos y nulos, la forma cuadrática es semidefinida positiva.

Podemos resolverlo también a través de los menores principales de la matriz

$$|A_1| = 1 > 0$$
$$|A_2| = 1 > 0$$
$$|A_3| = 0 = 0$$

los menores principales son todos positivos y el último nulo, por tanto la forma cuadrática es semidefinida positiva.

Ejercicio 6.12 **Estudie el signo de la forma cuadrática:**

$$Q(x, y, z) = x^2 - 3y^2 - 2z^2 + 2xy$$

restringida al subespacio

$$H = \{(x, y, z) \in \mathbb{R}^3 / \ x + y - z = 0\}.$$

SOLUCIÓN

Su expresión matricial es

$$Q(x, y, z) = \begin{pmatrix} x & y & z \end{pmatrix} \begin{pmatrix} 1 & 1 & 0 \\ 1 & -3 & 0 \\ 0 & 0 & -2 \end{pmatrix} \begin{pmatrix} x \\ y \\ z \end{pmatrix}.$$

Estudiamos el signo de $Q(x, y, z)$ sin restringir, a través de los menores principales

$$|A_1| = 1 > 0$$
$$|A_2| = -4 < 0$$
$$|A_3| = 8 > 0$$

Al ser positivos y negativos, la forma cuadrática es indefinida, por tanto, la restringimos al subespacio $H: x + y - z = 0$ donde despejamos z en función de x e y

$$z = x + y$$

y sustituimos en la forma cuadrática

$$\begin{aligned} Q(x, y) &= x^2 - 3y^2 - 2(x + y)^2 + 2xy = \\ &= x^2 - 3y^2 - 2(x^2 + y^2 + 2xy) + 2xy = \\ &= x^2 - 3y^2 - 2x^2 - 2y^2 - 4xy + 2xy = \\ &= -x^2 - 5y^2 - 2xy. \end{aligned}$$

Ahora su expresión matricial es

$$Q(x, y) = \begin{pmatrix} x & y \end{pmatrix} \begin{pmatrix} -1 & -1 \\ -1 & -5 \end{pmatrix} \begin{pmatrix} x \\ y \end{pmatrix}$$

y estudiando nuevamente el signo a través de los menores principales

$$|A_1| = 5 > 0$$
$$|A_2| = 4 > 0$$

al ser todos positivos, la forma cuadrática es definida positiva en el subespacio H.

Ejercicio 6.13 **Estudie el signo de la forma cuadrática**

$$Q(x_1, x_2, x_3) = x_1x_2 + x_1x_3 + x_2x_3$$

restringida al subespacio

$$S = \left\{(x_1, x_2, x_3) \in \mathbb{R}^3 / \ x_1 + x_2 + x_3 = 0\right\}.$$

SOLUCIÓN

Expresemos la forma cuadrática en forma matricial

$$Q(x_1, x_2, x_3) = \begin{pmatrix} x_1 & x_2 & x_3 \end{pmatrix} \begin{pmatrix} 0 & 1/2 & 1/2 \\ 1/2 & 0 & 1/2 \\ 1/2 & 1/2 & 0 \end{pmatrix} \begin{pmatrix} x_1 \\ x_2 \\ x_3 \end{pmatrix}$$

Con la ecuación del subespacio

$$S\colon x_1 + x_2 + x_3 = 0$$

despejamos x_1, en función de x_2 y x_3

$$x_1 = -x_2 - x_3$$

de manera que

$$\begin{aligned} Q(x_2, x_3) &= (x_2 - x_3)x_2 + (-x_2 - x_3)x_3 + x_2x_3 = \\ &= x_2^2 - x_2x_3 - x_2x_3 - x_3^2 + x_2x_3 = \\ &= -x_2^2 - x_2x_3 - x_3^2 \end{aligned}$$

la expresamos en forma matricial

$$Q(x_2, x_3) = \begin{pmatrix} x_2 & x_3 \end{pmatrix} \begin{pmatrix} -1 & -1/2 \\ -1/2 & -1 \end{pmatrix} \begin{pmatrix} x_2 \\ x_3 \end{pmatrix}$$

y estudiamos su signo a través de los menores principales de la matriz

$$|A_1| = -1 < 0$$

$$|A_2| = \frac{3}{4} > 0$$

Los menores van alternando el signo comenzando por negativo, con lo cual la forma cuadrática es definida negativa restringida al subespacio S.

Ejercicio 6.14 **Estudie el signo de la forma cuadrática**

$$Q(x_1, x_2, x_3) = 3x_1^2 - x_2^2 + 2x_3^2 - 4x_1x_3 + 2x_2x_3$$

restringida al subespacio

$$L = \{x_1, x_2, x_3) \in \mathbb{R}^3 / x_1 - x_2 + x_3 = 0\}.$$

SOLUCIÓN

Vamos a estudiar el signo de la forma cuadrática sin restringir, puesto que si ésta es definida positiva o definida negativa, tendrá el mismo signo restringida a cualquier subespacio.

En primer lugar, la expresamos en forma matricial

$$Q(x_1, x_2, x_3) = \begin{pmatrix} x_1 & x_2 & x_3 \end{pmatrix} \begin{pmatrix} 3 & 0 & -2 \\ 0 & -1 & 1 \\ -2 & 1 & 2 \end{pmatrix} \begin{pmatrix} x_1 \\ x_2 \\ x_3 \end{pmatrix}.$$

A continuación, estudiamos el signo por menores

$$|A_1| = 3$$

$$|A_2| = -3$$

$$|A_3| = -5$$

Como el signo de la forma cuadrática es indefinida, hemos de restringir al subespacio L. Despejando x_3 en función de x_1 y x_2

$$x_3 = x_2 - x_1$$

de modo que la forma cuadrática restringida, queda en función de x_1 y x_2. En efecto, si

$$Q(x_1, x_2) = 3x_1^2 - x_2^2 + 2(x_2 - x_1)^2 - 4x_1(x_2 - x_1) + 2x_2(x_2 - x_1) =$$
$$= 9x_1^2 + 3x_2^2 - 10x_1x_2$$

resulta que

$$Q(x_1, x_2) = \begin{pmatrix} x_1 & x_2 \end{pmatrix} \begin{pmatrix} 9 & -5 \\ -5 & 3 \end{pmatrix} \begin{pmatrix} x_1 \\ x_2 \end{pmatrix}$$

Calculamos los menores principales de la matriz

$$|A_1| = 9$$
$$|A| = 2$$

Como los dos menores son positivos, la forma cuadrática es definida positiva en el subespacio L.

Ejercicio 6.15 **Estudie el signo de la forma cuadrática**

$$Q(x) = x_1^2 + 2x_2^2 + x_3^2 - 2x_1x_2 + x_2x_3$$

restringida al subespacio vectorial

$$L = \left\{(x_1, x_2, x_3) \in \mathbb{R}^3 / x_1 + x_2 - x_3 = 0;\ -x_1 + x_3 = 0\right\}.$$

SOLUCIÓN

Si

$$Q(x_1, x_2, x_3) = \begin{pmatrix} x_1 & x_2 & x_3 \end{pmatrix} \begin{pmatrix} 1 & -1 & 0 \\ -1 & 2 & 1/2 \\ 0 & 1/2 & 1 \end{pmatrix} \begin{pmatrix} x_1 \\ x_2 \\ x_3 \end{pmatrix}$$

estudiamos el signo de la forma cuadrática sin restringir, a través de los menores principales de la matriz

$$|A_1| = 1 > 0$$
$$|A_2| = 1 > 0$$
$$|A_3| = \frac{3}{4} > 0$$

Como son todos positivos, la forma cuadrática es definida positiva sin restringir al subespacio, por tanto no sería necesario restringirla puesto que tendrá el mismo signo, no obstante la vamos a restringir para ver que esto es cierto. Tomando las ecuaciones del subespacio

$$\left.\begin{aligned} x_1 + x_2 - x_3 &= 0 \\ -x_1 + x_3 &= 0 \end{aligned}\right\}$$

despejando x_1 de la segunda ecuación, resulta que

$$x_1 = x_3$$

que sustituido en la primera nos dará los valores de x_2

$$x_1 + x_2 - x_1 = 0 \quad \rightarrow \quad x_2 = 0$$

con lo cual la forma cuadrática resultante será

$$Q(x_1) = x_1^2 + x_1^2 = 2x_1^2$$

que siempre es positiva y únicamente nula cuando $x_1 = 0$, por tanto, es definida positiva.

Ejercicio 6.16 **Estudie el signo de la forma cuadrática**

$$Q(x_1, x_2, x_3, x_4) = x_1^2 + 2x_1x_3 - 2x_3x_4 + 2x_3^2 - x_4^2 + 2x_3x_4$$

restringida al subespacio

$$L = \left\{(x_1, x_2, x_3, x_4) \in \mathbb{R}^4 \,/\, x_1 - x_3 = 0;\ \ x_2 + x_4 = 0;\ \ 2x_1 - 2x_3 = 0\right\}.$$

SOLUCIÓN

Sea su expresión matricial

$$Q(x_1, x_2, x_3, x_4) = \begin{pmatrix} x_1 & x_2 & x_3 & x_4 \end{pmatrix} \begin{pmatrix} 1 & 0 & 1 & -1 \\ 0 & 0 & 0 & 0 \\ 1 & 0 & 2 & 1 \\ -1 & 0 & 1 & -1 \end{pmatrix} \begin{pmatrix} x_1 \\ x_2 \\ x_3 \\ x_4 \end{pmatrix}.$$

Estudiamos el signo de la forma cuadrática sin restringir, a través de los menores principales

$$|A_1| = 1 > 0$$
$$|A_2| = |A_3| = |A_4| = 0$$

por tanto, es indefinida. Si ahora la restringimos al subespacio L cuyas ecuaciones son:

$$\left.\begin{array}{r} x_1 - x_3 = 0 \\ x_2 + x_4 = 0 \\ 2x_1 - 2x_3 = 0 \end{array}\right\}$$

podemos despejar unas variables en función de otras. Así

$$x_3 = x_1$$
$$x_4 = -x_2$$

y nos queda la siguiente forma cuadrática de dos variables

$$Q(x_1, x_2) = x_1^2 + 2x_1^2 + 2x_1x_2 + 2x_1^2 - x_2^2 - 2x_1x_2 = 5x_1^2 - x_2^2$$

cuya expresión matricial es

$$Q(x_1, x_2) = \begin{pmatrix} x_1 & x_2 \end{pmatrix} \begin{pmatrix} 5 & 0 \\ 0 & -1 \end{pmatrix} \begin{pmatrix} x_1 \\ x_2 \end{pmatrix}.$$

Estudiemos su signo a través de los menores principales

$$|A_1| = 5 > 0$$
$$|A_2| = -5 < 0$$

de forma que la forma cuadrática es indefinida.

Igualmente estudiándola mediante los autovalores

$$\lambda_1 = 5; \quad \lambda_2 = -1$$

resulta ser también indefinida.

Ejercicio 6.17 **Estudie el signo de la forma cuadrática**

$$Q(x_1, x_2, x_3, x_4) = x_1^2 + 2x_1x_3 + x_1x_4 + 2x_2x_3 - x_3^2,$$

restringida al subespacio

$$L = \left\{(x_1, x_2, x_3, x_4) \in \mathbb{R}^4 / x_1 + x_2 - x_3 = 0; \; x_2 - x_4 = 0\right\}.$$

SOLUCIÓN

Comenzamos expresándola en forma matricial

$$Q(x_1, x_2, x_3, x_4) = \begin{pmatrix} x_1 & x_2 & x_3 & x_4 \end{pmatrix} \begin{pmatrix} 1 & 0 & 1 & 1/2 \\ 0 & 0 & 1 & 0 \\ 1 & 1 & -1 & 0 \\ 1/2 & 0 & 0 & 0 \end{pmatrix} \begin{pmatrix} x_1 \\ x_2 \\ x_3 \\ x_4 \end{pmatrix}$$

Si la restringimos al subespacio, cuyas ecuaciones son

$$\left.\begin{aligned} x_1 + x_2 - x_3 &= 0 \\ x_2 - x_4 &= 0 \end{aligned}\right\}$$

podemos expresar x_3 y x_4 en función de x_1 y x_2; así

$$x_4 = x_2$$
$$x_3 = x_1 + x_2$$

con lo que la forma cuadrática será

$$\begin{aligned} Q(x_1, x_2, x_3, x_4) &= x_1^2 + 2x_1(x_1 + x_2) + x_1 \cdot x_2 + 2x_2(x_1 + x_2) - (x_1 + x_2)^2 = \\ &= x_1^2 + 2x_1^2 + 2x_1x_2 + x_1x_2 + 2x_1x_2 + 2x_2^2 - (x_1^2 + x_2^2 + 2x_1x_2) = \\ &= x_1^2 + 2x_1^2 + 2x_1x_2 + x_1x_2 + 2x_2^2 - x_1^2 - x_2^2 = \\ &= 2x_1^2 + x_2^2 + 3x_1x_2 \end{aligned}$$

cuya forma matricial es

$$Q(x_1, x_2) = \begin{pmatrix} x_1 & x_2 \end{pmatrix} \begin{pmatrix} 2 & 3/2 \\ 3/2 & 1 \end{pmatrix} \begin{pmatrix} x_1 \\ x_2 \end{pmatrix}$$

Mediante el procedimiento de los menores principales

$$|A_1| = 2 > 0$$

$$|A_2| = -\frac{1}{4} < 0$$

por lo que la forma cuadrática resulta ser indefinida, como podemos comprobar también calculando los autovalores

$$\begin{pmatrix} 2-\lambda & 3/2 \\ 3/2 & 1-\lambda \end{pmatrix} = (2-\lambda)(1-\lambda) - \frac{9}{4} =$$

$$= 2 - 2\lambda - \lambda + \lambda^2 - \frac{9}{4} =$$

$$= \lambda^2 - 3\lambda + 2 - \frac{9}{4} =$$

$$= \lambda^2 - 3\lambda - \frac{1}{4}$$

resultando que igualando a cero nos da como soluciones

$$\frac{3 \pm \sqrt{9+1}}{2} \begin{cases} \nearrow \dfrac{3+\sqrt{10}}{2} > 0 \\ \searrow \dfrac{3-\sqrt{10}}{2} < 0 \end{cases}$$

por tanto, es indefinida.

Ejercicio 6.18 **Calcule el signo de la forma cuadrática**

$$Q(x_1, x_2, x_3) = x_1^2 + x_2^2 - 2x_1x_2 + 4x_1x_3 - x_3^2$$

restringida al subespacio

$$L = \{(x_1, x_2, x_3) \in \mathbb{R}^3 \,/\, x_1 - x_2 + x_3 = 0;\; x_2 - 2x_3 = 0\}.$$

SOLUCIÓN

Sea

$$Q(x_1, x_2, x_3) = \begin{pmatrix} x_1 & x_2 & x_3 \end{pmatrix} \begin{pmatrix} 1 & -1 & 2 \\ -1 & 1 & 0 \\ 2 & 0 & -1 \end{pmatrix} \begin{pmatrix} x_1 \\ x_2 \\ x_3 \end{pmatrix}$$

Sus menores principales son

$$|A_1| = 1$$
$$|A_2| = 0$$
$$|A_3| = -4$$

por tanto, la forma cuadrática sin restringir es indefinida. A continuación la restringimos al subespacio

$$L = \{x_1 - x_2 + x_3 = 0;\ x_2 - 2x_3 = 0\}$$

donde despejando podemos expresar x_1 y x_2 en función de x_3

$$x_1 - x_2 + x_3 = 0 \quad \rightarrow \quad x_1 - 2x_3 + x_3 = 0 \rightarrow \quad x_1 = x_3$$
$$x_2 - 2x_3 = 0 \quad \rightarrow \quad x_2 = 2x_3$$

y sustituyendo tenemos

$$\begin{aligned} Q(x_3) &= x_3^2 + 4x_3^2 - 2(x_3)(2x_3) + 4x_3x_3 - x_3^2 = \\ &= x_3^2 + 4x_3^2 - 4x_3^2 + 4x_3^2 - x_3^2 = \\ &= 4x_3^2 \geq 0 \end{aligned}$$

con lo que la forma cuadrática es definida positiva en el subespacio.

Ejercicio 6.19 **Estudie el signo de la forma cuadrática**

$$Q(x_1, x_2) = 30x_1^2 - 6x_2^2$$

restringida al subespacio

$$L = \left\{(x_1, x_2) \in \mathbb{R}^2 / x_1 + x_2 = 0\right\}.$$

SOLUCIÓN

Si

$$Q(x_1, x_2) = \begin{pmatrix} x_1 & x_2 \end{pmatrix} \begin{pmatrix} 30 & 0 \\ 0 & -6 \end{pmatrix} \begin{pmatrix} x_1 \\ x_2 \end{pmatrix}$$

entonces lo menores serán

$$|A_1| = 30$$
$$|A_2| = -180$$

por tanto es indefinida. Si la restringimos al subespacio en el que

$$x_2 = -x_1$$

sustituimos y nos queda

$$\begin{aligned} Q(x_1) &= 30x_1^2 - 6(-x_1)^2 = \\ &= 30x_1^2 - 6x_1^2 = \\ &= 24x_1^2 \geq 0 \end{aligned}$$

por tanto, la forma cuadrática es definida positiva.

Ejercicio 6.20 **Dada la forma cuadrática**

$$Q(x_1, x_2, x_3) = 4x_1^2 + 2x_2^2 + 4x_1x_2 - x_2x_3 + ax_3^2$$

calcule el valor del parámetro *a* para que sea definida positiva.

SOLUCIÓN

Expresándola matricialmente

$$Q(x_1, x_2, x_3) = \begin{pmatrix} x_1 & x_2 & x_3 \end{pmatrix} \begin{pmatrix} 4 & 2 & 0 \\ 2 & 2 & -1/2 \\ 0 & -1/2 & a \end{pmatrix} \begin{pmatrix} x_1 \\ x_2 \\ x_3 \end{pmatrix}$$

y a través de los menores principales

$$\begin{aligned} |A_1| &= 4 > 0 \\ |A_2| &= 4 > 0 \\ |A_3| &= 4a - 1 > 0 \end{aligned}$$

con lo que

$$a > \frac{1}{4}.$$

Ejercicio 6.21 **Calcule el signo de la forma cuadrática**

$$Q(x_1, x_2, x_3) = 2x_1^2 + 2x_2x_3$$

restringida al subespacio

$$L = \{(x_1, x_2, x_3) \in \mathbb{R}^3 / x_1 + x_2 + x_3 = 0;\ 2x_1 + x_2 - x_3 = 0\}.$$

SOLUCIÓN

En primer lugar, la expresamos en su forma matricial

$$Q(x_1, x_2, x_3) = \begin{pmatrix} x_1 & x_2 & x_3 \end{pmatrix} \begin{pmatrix} 2 & 0 & 0 \\ 0 & 0 & 1 \\ 0 & 1 & 0 \end{pmatrix} \begin{pmatrix} x_1 \\ x_2 \\ x_3 \end{pmatrix}$$

siendo los autovalores de una matriz asociados a la forma cuadrática

$$\lambda_1 = 2 > 0, \quad \lambda_2 = 1 > 0 \quad \text{y} \quad \lambda_3 = -1 < 0$$

por tanto, es indefinida, con lo cual la restringimos al subespacio

$$\left.\begin{aligned} x_1 + x_2 + x_3 &= 0 \\ 2x_1 + x_2 - x_3 &= 0 \end{aligned}\right\}$$

Despejando x_3 de la segunda ecuación nos da

$$x_3 = 2x_1 + x_2$$

y sustituyendo en la primera resulta que

$$x_1 + x_2 + 2x_1 + x_2 = 3x_1 + 2x_2 = 0$$

con lo cual la forma cuadrática que nos queda es

$$Q(x_1, x_2, x_3) = 2x_1^2 + 2x_2x_3$$

restringida al subespacio

$$3x_1 + 2x_2 = 0$$

podemos expresarla en función de x_2

$$x_1 = \frac{-2x_2}{3}$$

así

$$\begin{aligned} Q(x_2) &= 2\left(\frac{-2x_2}{3}\right)^2 + 2x_2(2x_1 + x_2) = \\ &= 2\frac{4x_2^2}{9} + 2x_2\left(2\frac{-2x_2}{3} + x_2\right) = \\ &= \frac{8x_2^2}{9} - \frac{2x_2}{3} = \\ &= \frac{2x_2^2}{9} \geq 0 \end{aligned}$$

con lo cual la forma cuadrática es definida positiva.

Ejercicios propuestos

Estudie el signo de las siguientes formas cuadráticas:

P6.1 $Q(x_1, x_2, x_3) = 2x_1^2 - 4x_1x_2 + x_2^2 - 4x_2x_3$.

P6.2 $Q(x_1, x_2, x_3) = -2x_1^2 - 2x_1x_2 + 2x_1x_3 - 2x_2^2 - 2x_3^2 - 2x_2x_3$.

P6.3 $Q(x_1, x_2, x_3) = x_1^2 + 2x_1x_2 + 2x_2^2 - 2x_2x_3 + x_3^2$.

P6.4 $Q(x_1, x_2) = -x_1^2 - 3x_2^2$.

P6.5 $Q(x_1, x_2, x_3) = x_1^2 - 2x_2^2 + 2x_1x_2 + x_3^2 + 4x_2x_3 - 2x_1x_3$.

P6.6 $Q(x_1, x_2) = x_1^2 + 4x_2^2 + 4x_1x_2$.

P6.7 $Q(x_1, x_2, x_3) = x_1^2 + x_2^2 + 2x_1x_2 + x_3^2 + 2x_2x_3 + 2x_1x_3$.

P6.8 $Q(x_1, x_2, x_3) = -x_1^2 + 3x_2^2 + 2x_1x_2 - x_3^2 - 2x_2x_3$ restringida al subespacio $L = \left\{(x_1, x_2, x_3) \in \mathbb{R}^3 / x_1 + x_2 + 2x_3 = 0;\ x_1 + 3x_3 = 0\right\}$.

P6.9 $Q(x_1, x_2, x_3) = -2x_1^2 - 2x_2^2$ restringida al subespacio $L = \left\{(x_1, x_2, x_3) \in \mathbb{R}^3 / 2x_1 + 2x_2 - x_3 = 0\right\}$.

P6.10 $Q(x_1, x_2, x_3) = 3x_1^2 + 2x_2^2 + 3x_3^2 + 2x_1x_3$ restringida al subespacio $L = \left\{(x_1, x_2, x_3) \in \mathbb{R}^3 / x_2 = 0;\ x_1 + x_3 = 0\right\}$.

P6.11 $Q(x_1, x_2, x_3) = x_1^2 + x_2^2 + 3x_3^2 + 4x_1x_2$ restringida al subespacio $L = \left\{(x_1, x_2, x_3) \in \mathbb{R}^3 / 2x_1 - x_2 = 0\right\}$.

P6.12 $Q(x_1, x_2, x_3) = 2x_1^2 + 2x_2^2 - x_3^2 + 4x_1x_2 + 2x_1x_3$ restringida al subespacio $L = \left\{(x_1, x_2, x_3) \in \mathbb{R}^3 / x_3 = 0\right\}$.

P6.13 $Q(x_1, x_2, x_3) = x_1^2 + 7x_2^2 + 8x_3^2 - 6x_1x_2 + 4x_1x_3 - 10x_2x_3$ restringida al subespacio $L = \{(x_1, x_2, x_3) \in \mathbb{R}^3 / x_2 = 2x_3\}$.

P6.14 Dada la forma cuadrática

$$Q(x_1, x_2, x_3) = -4x_1^2 + 4x_1x_2 + 2x_1x_3 - 2x_2^2 + ax_3^2,$$

calcúlese el valor del parámetro a para que el signo de la forma cuadrática sea semi-definida negativa.

P6.15 Sea la forma cuadrática

$$Q(x_1, x_2, x_3) = x_1^2 + 2x_2^2 + x_3^2 - 2x_1x_2 + 2x_1x_3 + 2ax_2x_3.$$

(a) Clasifique la forma cuadrática en función de los valores de a.

(b) Si $a = 1$ clasifique la forma cuadrática restringida al subespacio

$$S = \{(x_1, x_2, x_3) \in \mathbb{R}^3 / x_3 = x_1 - x_2\}.$$

BIBLIOGRAFÍA

ALCAIDE, A. (1973): *Matemáticas modernas para economistas Álgebra Lineal.* Biblioteca de Ciencias Sociales. Ed. Aguilar.

ALEGRE, P. y otros (1995): *Matemáticas empresariales.* Ed. Thomson-AC. Madrid.

APÓSTOL, T. (1989): *Calculus I y II.* Ed. Reverté. Barcelona.

AYRES, F. (1986): *Matrices. Teoría y 340 problemas resueltos.* Ed. McGraw Hill, Serie Schaum. Mexico.

BARBOLLA, R. y SANZ, P. (1989): *Álgebra lineal y teoría de matrices.* Prentice Hall. Madrid.

CABALLERO, R. E. (2000): *Matemáticas aplicadas a la Economía y la Empresa.* Ed. Pirámide. Madrid.

CÁMARA, A., GARRIDO, R. y TOLMOS, P. (2002): *Problemas resueltos de Matemáticas para Economía y Empresa.* Ed. Thomson-AC. Madrid.

CÁMARA, A., CARVAJAL, P., GARRIDO, R. y TOLMOS, P. (2000): *Matemáticas para la Empresa. Ejercicios resueltos.* Ed. Thomson-AC. Madrid.

CANCELO, J.R. y otros (1987): *Problemas de Álgebra Lineal para economistas.* Vol. II. Ed. Tebar-Flores. Albacete.

FLOREY, F. (1997): *Fundamentos de Álgebra Lineal y aplicaciones.* Ed. Prentice Hall. Madrid.

GOLDSTEIN, D., LAY, D. y SCHNEIDER, D. (1990): *Cálculo y sus aplicaciones.* Ed. Prentice Hall Hispanoamérica. México.

GUTIÉRREZ, S. y FRANCO, A. (2000): *Matemáticas aplicadas a la economía y a la empresa.* Ed. Thomson-AC. Madrid.

HERAS, A. y VILAR, J. L.(1989): *Problemas de Álgebra Lineal para la Economía.* Ed. Thomson-AC. Madrid.

JARNE, G., PÉREZ, I. y MINGUILLÓN, E. (1997): *Matemáticas para la Economía. Álgebra Lineal y Cálculo Diferencial.* Ed. McGraw-Hill. Madrid.

LIPSCHUTZ, S. (1993): *Álgebra Lineal.* Ed. McGraw Hill. Madrid.

SANZ, R., VÁZQUEZ, F. y ORTEGA, P. (1998): *Problemas de Álgebra Lineal. Cuestiones. Ejercicios y tratamiento en Derive. Un enfoque teórico práctico.* Prentice Hall. Madrid.

SYDSAETER, K. y HAMMOND, P.(1996): *Matemáticas para el análisis económico.* Ed.Prentice Hall. Madrid.

TAM ST. (1998): *Matemáticas para la administración y la economía.* International Thomson. Méjico.

VILLA A. (1998): *Problemas de Álgebra.* Ed. CLAGSA. Madrid

ÍNDICE ANALÍTICO